野村総合研究所
城田真琴
Makoto Shirota

決定版
Web3

definitive edition of Web3

東洋経済新報社

はじめに

　「誰かWeb3って見たことある？　私は見付けられない」（TeslaやTwitterでCEOを務めるElon Musk氏のツイート）、「Web3に興奮するのはまだ早い」（オライリーメディア創設者でWeb2.0を提唱したTim O'Reilly氏のブログ記事）

　2021年末頃からテクノロジー業界のバズワードとなっているWeb3。暗号資産やNFT（Non-Fungible Token：非代替性トークン）、ブロックチェーン界隈のスタートアップやベンチャーキャピタリストなどの「中の人」が熱狂する一方で、テクノロジー業界の著名人からは懐疑的な声も聞かれる。

　「言葉の定義があいまいで実体がない」「怪しい投資スキームの一種ではないか」など、どこか「うさんくさい」ものといった見方をする人も少なくない。Web3とは切っても切れない関係にある暗号資産に関して、独立行政法人国民生活センターのホームページには相談事例として次のようなケースが掲載されている。

　「婚活サイトで知り合った男性に勧められて暗号資産に投資したが、口座凍結の解除に必要だとして、高額な費用を請求されている。どうすればよいか」

　「マッチングアプリで知り合った女性から暗号資産の運用を勧められた。儲かったので引き出しを求めたら税金を請求された」

　「SNS（ソーシャル・ネットワーキング・サービス）で知った投資家に暗号資産のレンディング（貸付）を勧誘され海外の業者に暗号資産を送金したが、満期が来ても出金できない」

　ビットコインに代表される暗号資産は、「億り人」という言葉にも代表されるように投機目的で購入する人も少なくない。いや、むしろ投機目的の人がほとんどといっても過言ではないだろう。詐欺師は「もしかしたら自分も

儲かるかも知れない」という人間の心の弱みに巧妙に付け込んでくる。

　暗号資産にはマネーロンダリングや武器、麻薬のオンライン闇市場との関連なども指摘されている。このため、Web3は一部でマイナスイメージが付いて回る暗号資産の「ラベル」を単に付け替えただけではないかという意見もある。

　とはいえ、Web1.0、Web2.0に続くWebの第3の波と目されているWeb3を今の段階で「実体がなく、価値のないもの」として切り捨てるのは得策ではない。また、Web3は金融（暗号資産投資）分野だけに活用されるものでもない。

　霞が関に目を向ければ、岸田内閣が掲げる「新しい資本主義」の重点投資分野の一つとして、「NFT の利用等の Web3.0 の推進に向けた環境整備」が挙げられている。現在国内でブロックチェーンやNFTなどWeb3領域で事業を行う企業は、自社が保有する暗号資産について、期末の時価をもとに課税される仕組みとなっている。そのため含み益に対して税金がかかり、資金調達のためにトークンを発行した創業間もないWeb3スタートアップにとっては資金繰りの面で負担が大きいと指摘されてきた。このような課題が政府による環境整備によって解決に向かえば、スタートアップがシンガポールやドバイなど暗号資産を課税対象としない国々に拠点を移して活動する動きに歯止めを掛けられる可能性が高くなる。

　そもそもWeb3自体、決して成熟したものではなく、依然として黎明期の域を出ない。雨後の筍のように新たなサービスが次々と生まれている状況は、1990年代初めのインターネットやWeb1.0が登場し始めた頃の混乱と重なる部分もある。

　Web3という言葉は特定のサービスを指す用語ではなく、Webの新しいムーブメント全体を指すアンブレラタームである。すでにDeFi（Decentral-ized Finance：分散型金融）、GameFi（ゲームファイ）を筆頭に、一定の市民権を得ているサービスもあるが、個々のプロジェクトの中には数年後にはひっそりと姿を消しているものも少なくないだろう。

　冒頭で紹介したWeb2.0の提唱者であるTim O'Reilly氏はこうも述べてい

る。

「私はドットコムバブルの崩壊から5年後に『Web2.0とは何か』を書きましたが、その明確な目的は、なぜ生き残る企業とそうでない企業があるのかを説明することにありました。このように、Web3が何から構成されているのかを本当に理解できるのは、次のバブルのあとではないでしょうか」

確かにWeb3が黎明期にある現在、それが何なのかを確信を持って説明することは難しい。暗号資産と関係の深いWeb3は暗号資産市場の景気にも大きな影響を受ける。本稿の執筆中にも暗号資産取引所大手のFTXトレーディングが数兆円の負債を抱えたまま、経営破綻するというニュースが飛び込んできた。人々のWeb3に対する関心も暗号資産の値動きと同様に激しく乱高下するかも知れない。

しかし、DeFiやGameFi、あるいはそれらを支えるトークノミクス（トークン経済）、DAO（Decentralized Autonomous Organization：分散型自律組織）などWeb3を構成する重要な要素について理解を深めておくことは、読者の皆さん1人ひとりが、今後も続々と登場するであろうWeb3プロジェクトを評価する上でのベースとなるはずだ。

本書では、まだ評価の定まっていないWeb3に対し、中立的な視点から客観的かつ冷静にレポートすることを目的とし、言葉の定義、Web3が生まれた背景などの基本から、DeFi、DAO、GameFiなどの具体的なサービスの紹介とビジネスモデルの分析、Web3を支えるトークノミクス、Web3の技術コンポーネントなど、ビジネス／技術の両面から、複雑極まりないWeb3の世界を紐解いていく。

本書の構成

第1章では、Web3の概略をつかんでいただくことを目的として、そもそもWeb3とは何なのか、Web1.0、およびWeb2.0との違いや、Web3の大きな特徴である「コンポーザビリティ」「ファットプロトコル理論」などについて説明する。

第2章から第5章では、具体的なWeb3のアプリケーションについて説明

していく。まず第2章では、Web3時代の新たな組織形態であるDAOについて、従来組織との違いやさまざまなDAOのタイプ、DAOの立ち上げ手順、DAOの運営支援ツール、さらには現状のDAOが抱えている課題について解説する。

第3章では、Web3時代の金融サービスであるDeFiについて、従来型の金融サービスとの違いや、DEX（Decentralized Exchange：分散型取引所）、レンディング、ステーブルコイン、保険などの代表的なDeFiサービスについて、具体的なサービスを例にとり、その仕組みについて詳しく説明する。

第4章では、DeFiと並び、Web3の代表的なアプリケーションとなっているGameFiについて、これまでのゲーム産業のビジネスモデルの変遷を振り返りつつ、代表的なサービスであるAxie InfinityとSTEPNについて解説する。さらに、たびたび指摘される「ポンジスキームではないか？」との疑問に対する筆者の見解を述べる。

第5章では、Web3の新たな適用領域として期待されている現実世界での活用について、分散型人材ネットワーク（人材紹介）サービスやDeSci（Decentralized Science：分散型サイエンス）など、すでに立ち上がりつつある具体的なサービスを例にその革新的なビジネスモデルについて紹介する。

第6章では、Web3サービスを支えるインセンティブのメカニズムであるトークノミクスについて、トークンの供給サイド・需要サイド、それぞれの設計上の留意点や、暗号資産を評価する際のポイント（時価総額、完全希薄化後時価総額、総供給量、供給スケジュールなど）について解説する。

第7章では、Web3を構成する個々の技術要素（ブロックチェーンのスケーリング技術、ノード管理、開発言語、開発フレームワークなど）について、テクノロジースタックをベースに説明する。本章は技術的な話に終始するため、技術に関心のない読者の方は読み飛ばしていただいて構わない。

最後の第8章では、現状のWeb3の弱点を補完するものとして大きな注目を集めているSBT（Soulbound Token）について、そのコンセプトや想定されているユースケース、実装上の課題などについて説明し、今後のWeb3

について展望する。

　Web3ではさまざまな要素が複雑に絡み合っており、第2章の中でDeFiを例として取り上げたり、第3章でトークノミクスについて触れたりなど、順番に説明することが叶わなかった部分もある。その場合は、後ろの章を読んだあとに改めて前の章を読み直していただくと理解が深まると思われる。読者の方にはご不便をお掛けすることになってしまうが、その点はご容赦いただきたい。

　また、Web3では耳慣れないカタカナ言葉が数多く登場し、それが理解の妨げになっていると感じる。そのため、巻末には用語集を付けた。文中でわからない言葉が出てきた場合は適宜参照しながら読み進めていただければ幸いである。

決定版 Web3　目次

第3章　Web3の代表的なユースケース
—— DeFi（分散型金融）

（1）DEX（分散型取引所）

（2）レンディング（貸付）サービス

（3）ステーブルコインの発行

第4章　Web3の代表的なユースケース
—— GameFi
97

第5章　リアル世界へ広がるWeb3
113

分散型人材ネットワーク「Braintrust」 —————— 114

IoTのための分散型ネットワーク構築プロジェクト「Helium」— 119

車両データの提供でトークンを獲得できる「DIMO」 —— 123

第6章 Web3を支えるトークノミクス 137

第8章 真の分散型社会は実現するか 205

第1章

Web3とは何か

　Web3 はブロックチェーンをベースとし、従来の中央集権ではなく、分散型のWebである。Web3 という言葉を提唱したのは、ブロックチェーン イーサリアム（Ethereum）の共同創設者で、ブロックチェーンのインフラ構築を行う Parity Technologies の創設者でもある Gavin Wood 氏である。

　同氏は2014年4月に記した「DApps: What Web 3.0 Looks Like」というタイトルのブログ記事で、Web3 を提唱するに至った背景や必要性、用途などについて語っているが、非常に抽象的で難解である。しかし、幸いなことにさまざまなメディアでインタビューに答えており、そうした記事を読むと彼の考えが見えてくる。かいつまんで説明するとポイントは以下の通りである。

・中央集権化は社会的に長期的に維持することはできない。政府は物事を修正するにはあまりにも不器用である。

・Web1.0は、オープンで分散化されたインターネットのアイデアから始まったが、Web2.0はインターネットに強い影響力を持ち、Webサービスが構築される多くのインフラを所有する1兆ドル規模のテクノロジー企業の誕生につながった。

・Facebook（現Meta Platforms）やGoogleの登場以前は、少数の人間がこれほど大きな力を持ったことはない。

・このことの大きな問題は、これらのサービスの一つに問題が発生した場合、非常に多くの人々がサービスを突然利用できなくなることである。

・「信頼」も重要なキーワードである。サービスの背後にいる人々を信頼し、サービスを運営している企業の所有者を信頼する必要がある。

・実際に現状のWebは、無条件の信頼によって成り立っている。たとえばWhatsApp（Facebookが運営するLINE同様のメッセンジャーアプリ）では、ユーザーの会話を暗号化しているといっているが、それらをすべて解読できるキーを持っている可能性がある。しかし、われわれはWhatsAppのコードを見られるわけではない。われわれは彼らが真実をいっていると無条件に信じているだけだ。

- この点、Web3は、「トラストレス」モデルの考え方に基づいている。そのため、Web3の製品とサービスがブロックチェーン上に構築され、分散化されている場合、その製品を提供するための基盤となるアルゴリズムを信頼するだけで済む。
- Web3では、私たちが使用するサービスは1つの企業によってホストされているのではなく、すべての人によってホストされている。すべての参加者が究極のサービスのほんの一部に貢献するという考えである。
- Web3は真に分散化されたものであり、現在のインターネットの、より民主的なバージョンである。

Web3におけるトラストレスとは何か

　Gavin Wood氏の考えを読み解くと、見えてくるのはWeb2.0時代に台頭したFacebookやGoogleといった巨大テック企業を無条件に信頼することに警鐘を鳴らし、解決策としてブロックチェーン上に構築されたトラストレスモデルに基づく分散化されたWeb3に活路を見出しているということだ。

　では、このトラストレスとはどういう意味だろうか。「信頼がない」と直訳してしまうかも知れないが、そうではなく、「信頼しなくても済むようにする」ことを意味する。たとえば、金融サービスの場合、従来は銀行のような中央集権型の金融機関を介することでユーザーは安心して取引ができた。なぜ、安心して取引できるかというと、銀行は国からライセンスを付与されているため、信頼するに値すると考えられるからである。

　一方、Web3の金融サービスであるDeFi（Decentralized Finance：分散型金融）では、スマートコントラクトを取り入れることによって金融機関が介在することなしに取引ができるようになっている。公開されているスマートコントラクトのソースコードを検証すれば、契約内容とその実行条件を確認できる。このスマートコントラクトは一度書いたら誰をもってしても改変することはできない。さらにすべての取引履歴はブロックチェーンに記録され、オープンになっているため、正しく実行されたかどうかを検証できる。

このため、一連の取引プロセスは特定の誰かを信頼することなしに完了できるというわけだ。

インターネットの誕生とWeb1.0時代

なぜ分散化されたWebが必要なのかという点については、従来のWeb1.0、Web2.0との対比で考えるのがわかりやすい。改めて、その歴史的経緯から振り返ってみよう。

インターネットの起源は1969年にARPA（Advanced Research Projects Agency：米国国防総省高等研究計画局）が軍事目的で開始したARPANETであるとされる。日本では、1984年に開始された東京大学、東京工業大学、慶應義塾大学間で構築された研究用ネットワーク「JUNET（Japan University/Unix NETwork）」が最初である。

しかし、これらのネットワークは政府機関や研究機関によって運営されていたため、私的・商業的な利用は禁じられていた。商用利用が可能になったのは1990年代に入ってからで、米国では1990年にインターネットへの加入制限が撤廃され、日本では1993年に商業利用が開始された。

インターネットが一般のパソコンユーザーに普及することになった大きな理由としては、1989年にCERN（Conseil Européen pour la Recherche Nucléaire：欧州原子核研究機構）で開発が始まったWWW（World Wide Web）と1993年に米国イリノイ大学のNCSA（National Center for Supercomputing Applications：国立スーパーコンピュータ応用研究所）で開発されたWebブラウザ「Mosaic（モザイク）」の登場が挙げられる。

それ以前は、インターネットでやり取りされる情報の多くが文字情報であり、しかもその利用には専門的な知識が必要とされた。しかし、WWWの登場により画像などを含むマルチメディア情報を比較的容易に閲覧・提供できるようになったのである。

なお、CERNでWWWを開発したのが、「Webの父」と呼ばれる英国の計算機科学者であるTim Berners-Lee氏である。

　1995年にMicrosoftが発売したOS「Windows95」は、初期状態でTCP/IPプロトコルを搭載し、プリインストールされたPCではダイヤルアップ接続機能やWebブラウザも付属していたため、インターネットが一般に普及する大きなきっかけとなった。

　ただし、1990 年代後半から2000年代初頭は紙メディアから移行した静的なWebページがほとんどで、ユーザーの大部分はコンテンツを「読むだけ」の消費者であった。情報を発信するにはウェブ開発の技術が必要だったこともあり、一般ユーザーがコンテンツを作成することはほとんどなかった。

　また、インターネットへのアクセス手段も現在のような常時接続ではなく、低速度で従量課金制のダイヤルアップ回線であった。そのため、画像や動画コンテンツは少なく、HTML（Hyper Text Markup Language）を用いたテキストサイトが多くを占めていた。

　この時代にはWeb1.0やWeb2.0といった区分があったわけではないが、今振り返るとWebが生まれた1990年頃から、SNSが本格的に普及し始める2005年前後までがWeb1.0時代ということになる。

Read-Writeが可能になったWeb2.0時代

　続くWeb2.0時代では、FacebookやTwitter、Instagram、YouTubeなど誰でも簡単に利用できるSNSの登場によって、「読むだけ」ではなく、一般ユーザーが簡単に情報を書き込み、発信できるようになったのが大きな特徴である。

　Web2.0という言葉は、「はじめに」で紹介したTim O'Reilly氏が2005年9月に記した「What Is Web 2.0　Design Patterns and Business Models for the Next Generation of Software（Web2.0とは何か：次世代ソフトウェアのデザインパターンとビジネスモデル）」という記事によって一気に広まった。

　「次世代ソフトウェアのデザインパターンとビジネスモデル」という副題

が表すように、Web1.0の次のWebの方向性を、象徴するサービスとともに明解に定義したこの記事からはさまざまな示唆が得られる。ただし、タイミング的にSNSという言葉は出てこない（Facebookの一般公開、Twitterのサービス開始はともに2006年）。

　しかし、プラットフォーマーとしてのFacebookやTwitterの成功を予見するような物言いは随所に登場する。たとえば、「Web2.0時代の重要な教訓の一つは、ユーザーが価値を付加するというものである。しかし、自分の時間を割いてまで、企業のアプリケーションの価値を高めようというユーザーは少ない。そこで、Web2.0企業はユーザーがアプリケーションを利用することによって、副次的にユーザーのデータを収集し、アプリケーションの価値が高まる仕組みを構築した」といったものだ。

　FacebookやTwitterのユーザーは両社のサービス価値や収益の向上に貢献しようという意識はないはずだが、使用すればするほどプラットフォームにユーザーのデータが蓄積されていく。そして、ネットワーク効果が働き始めると、サービスの価値はどんどん高まっていく。

　一方でデータがプラットフォーマーに集中すると、データの濫用や漏洩に対する懸念も膨らむ。実際、Facebookは複数回にわたってデータの流出事故を起こしており、直近では2021年4月に5億3000万人を超えるユーザーの個人情報の流出が明らかになっている。

　SNSの革新性は、誰もがコンテンツのクリエイターと消費者に同時になれる場所を提供したことである。これによって、Webは静的なWebページを閲覧するだけであったWeb1.0から、不特定多数のユーザーが自分の意見を自由に書き込みできるインタラクティブなWebへと進化を遂げた。同時に、SNSを運営する企業はユーザーが作り出した個人情報を含むコンテンツを莫大な収益に変える術を生み出した。こうした構図はSNSに限らず、ユーザーの検索データを元手に巨額の広告収入を生み出しているGoogleも同様である。その結果、FacebookやGoogleなど、一握りのプラットフォーマーに富が集中することとなった。

　一方でデータの所有者であるはずの個人には金銭的な見返りは一切ない。

　もちろん、便利なサービスを無料で利用しているというのは紛れもない事実であり、そうした意味では「個人情報を含むデータと引き換えに無料で便利なサービスを利用できている」という見方もできる。しかし、プラットフォーマーがあまりにも力を持ち過ぎるのも問題である。データの濫用や漏洩のほかにも、後述する「垢BAN」など、近年では独占的地位を利用した、やや横暴ともとれる振る舞いが目につくようになってきている。

　Web2.0では、各プラットフォームはサイロ化されており、異なるサービス間で互換性はない[注1]。そのため、一度サービスを使い始めると、ほかのサービスへの乗り換えは難しくなる。特に、多くのユーザーが使えば使うほど利便性が高まるSNSのようなネットワーク効果が働くサービスはその傾向が顕著であり、ユーザーの囲い込みが容易である。

> **コラム**
>
> ### ネットワーク効果
>
> 　ネットワーク効果は、ネットワークの外部性、あるいは需要側の規模の経済とも呼ばれる。簡単にいえば、「ある製品やサービスの価値は、それを使用する人の数に応じて増加する」という意味である。つまり、ある製品やサービスがより多くの人に使われることでさらにその価値を増し、ユーザーの定着率が高まることを意味する。
>
> 　ネットワーク効果の古典的な例は電話である。より多くの人が電話を使用することによって、国内だけでなく海外の人とも通話できるようになり、電話の価値は高まっていく。
>
> 　現代社会では、SNSが好例である。たとえば、Facebookは自分の友人・知人に使っている人がいなければ、ほぼ無価値といってよい。逆に参加者が増え、友人・知人に使っている人が増えれば、つながりが増えてユ

(注1) 2018年5月からEU（欧州連合）で施行されているGDPR（一般データ保護規則）では、「データポータビリティの権利」が盛り込まれ、企業に提供した個人データを構造化され、機械可読性のある形式（CSV、JSONなど）で受け取る権利が確立したものの、プラットフォーム間で互換性があるわけではない。

ーザーにとっての利用価値は増す。

　ヤフオク！やメルカリなどのネットオークションも利用者が少ない間は売り手にとっても買い手にとっても利用価値は低い。しかし、利用者が増えるに従い、出品数が増し、買い手にとっては欲しい商品が見つかり、売り手にとっても出品した品がすぐに売れるというようにネットワーク効果が働くようになる。

　ネットワーク効果は、「クリティカルマス」と呼ばれる一定の加入率に達したあとに顕著となる。サービスや商品の価値はユーザーベースによって決まるため、ある一定の人数がサービスに加入したり、商品を購入したりしたあと、価格を上回る価値によって、さらに多くの人がサービスに加入したり商品を購入したりするようになる。サービスの運営側としては、こうなればしめたものである。何もしなくても、ある程度までは雪だるま式にユーザーが増えていくことになり、ある市場でネットワーク効果を利用してクリティカルマスに達した企業は勝者総取りになる。ユーザーはほかのユーザーとつながっているためにロックインされ、よほどのことがなければほかのサービスに移ることはないからである。

非中央集権でRead、Write、Ownを実現するWeb3

　Web3はFacebookやGoogleなどWeb2.0時代の覇者となったプラットフォーマーに対するアンチテーゼとして誕生した。Web3はブロックチェーンをベースにしているため、仲介者や中央集権的な企業は存在しない。ブロックチェーンでは、ネットワークに参加している多数のユーザーのコンピュータ、いわゆる「ノード」がすべてのデータのコピーを保存している。

　従来のWebとはこの点で一線を画す。ユーザーのデータはブロックチェーン上にオープンな形式で保存され、誰もがアクセスできる共有台帳として存在する。ユーザーが制作したコンテンツを誰かが閲覧するたびに、制作者が暗号資産で支払いを受けるという仕組みも実装できる。仲介者や管理者が

存在しないため、売上の一部を中抜きされることもなければ、管理者の一存で削除されることもない。

　誰もがアクセスできる共有台帳にデータが存在するということは、プラットフォーマーによるユーザーの囲い込みが難しいことを意味する。いざとなれば、ほかのサービスにデータを持って移行すれば済むからである。NFT（Non-Fungible Token：非代替性トークン）がその典型であり、たとえばあるNFTマーケットプレイスでNFTを購入すると、その購入履歴はすべてブロックチェーン上に記録されると同時に、自分のウォレット（暗号資産やNFTを保管する財布のようなもの）にNFTが入る。ブロックチェーン自体は誰の所有物でもないパブリックなインフラであるため、もし購入したNFTが不要になった場合、自分のウォレットを別のマーケットプレイスに接続すれば、購入したマーケットプレイスとは別のマーケットプレイスで販売できる。

　このようにWeb3ではWeb2.0とは異なり、一部の企業による独占や寡占が発生しにくく、同じカテゴリのサービス間で競争原理が働きやすいといえる。

　また、ユーザーは各サービスが発行するガバナンストークンを所有することで、サービスのオーナーになれる（イメージとしては株主に近い）。これによって、大手テクノロジー企業など中央集権型企業による権力や富の一極集中が起こりにくく、権力が次第に離れていく。

　詳細は後述するが、ガバナンストークンを保有するユーザーはサービスのオーナーになれるだけでなく、ある目的のために立ち上げられたDAO（Decentralized Autonomous Organization：分散型自律組織）の運営に参加することもできる。DAOでは従来の株式会社のように株主、経営者、従業員といった区分はない。そのため、皆対等な立場で意思決定に参加できる。意思決定の民主化が促進されるといってよい。

Web3を実装し始めた動画配信サービス

　中央集権型企業による、権力の一極集中がもたらす弊害の端的な例は、SNSや動画配信サービスなどの運営企業が規約違反のユーザーアカウントを利用停止にする、いわゆる「垢BAN」や投稿したコンテンツが突然削除されたりすることだろう。こうした垢BANやコンテンツの削除は詳しい基準やプロセスが公開されることは稀で、お世辞にも民主的とはいいがたい。

　たとえば、Web2.0時代を象徴する動画配信サービスのYouTubeでは、非公開のアルゴリズムによって動画の人気が決められたり、不適切と判断された動画が突然削除されたり、最悪の場合はアカウントごと消されてしまうこともある。こうした中で注目を集めているのが、非中央集権的な動画配信サービスである。

　2020年12月に立ち上げられたOdyseeは、ブロックチェーンをベースに構築されている分散型の動画配信プラットフォームである。ユーザーはまず、自分が所有しているPCなどのデバイスに専用のデスクトップアプリをインストールする。ユーザーが視聴する動画は端末へダウンロードされ、ほかのユーザーが視聴する際はP2P（ピア・ツー・ピア）方式で、このユーザーがダウンロードしたデータへアクセスすることによって動画を視聴できるようになっている。

　この機能によって複数のデバイスが連携して配信サーバーとして動作するため、YouTubeのような中央集権的なプラットフォームと異なり、単一障害点がなくなる。そのため、運営側のサーバーダウンによってサービスが全停止するといったこともない。

　また、ポルノや暴力・著作権侵害といった違法コンテンツに関するガイドラインはあるものの、運営会社がすべての動画を検閲する体制にはなっていないため、運営側の一方的な判断で動画が削除されることもない。

Web3サービスが抱えるジレンマ

　動画のクリエイターはコンテンツの平均視聴時間、平均視聴回数、コンテンツの種類、エンゲージメント、クリエイターの所在地などのデータから算出した報酬を受け取ることができるほか、いわゆる投げ銭（チップ）を視聴者から直接受け取れる機能も用意されている。Odyseeは、独自の暗号資産「LBRY（ライブラリー）クレジット」を発行しており、総発行量のうち10％を準備金としてサービスの開発や維持にかかる経費、創業者への報酬などに充てている。このため、手数料や不透明なマージンは一切徴収せず、クリエイターが稼いだ収益を100％還元する方針を明らかにしている。

　Odyseeは、YouTubeでコンテンツを削除されたり、アカウントを凍結されたりしたクリエイターの受け皿になっていると説明しているが、今後どれくらい視聴者が増えるかがポイントになってくる。クリエイターにとっては、コンテンツが不合理に削除される恐れがないのは歓迎する一方で、視聴者が増えないことには収益が増えない。YouTubeが人気を博しているのは、プラットフォーマーとして圧倒的な集客力を誇るからである。ほかのWeb3サービスも同様であるが、Web3サービスのユーザーは非中央集権であることにメリットを見出しつつも、プラットフォーマーによる圧倒的な集客力を当てにできないというジレンマを抱えることになる。

Web2.0サービスの代替としてのWeb3プロジェクト

　このYouTubeとOdyseeの関係のように、Web2.0時代を象徴する中央集権的なサービスに取って代わろうとするWeb3プロジェクトが続々と誕生している（図表1-1）。

　たとえば、Mirrorはブロックチェーン上に構築された分散型のブログプラットフォームである。従来のブログプラットフォームといえば、noteやMediumなどが有名であるが、これらのプラットフォームは中央集権型のサ

図表1-1　Web2.0サービスの代替となるWeb3プロジェクト

	分野	Web2.0	Web3	概要
1	ブラウザ	Chrome	Brave	広告配信の仲介者が存在せず、YouTube広告やWebサイト広告などをブロック可能。ユーザーが許可した場合のみ広告が表示され、広告を見ると暗号資産を獲得できる
2	動画配信	YouTube	Odysee	ブロックチェーンをベースに構築されている分散型の動画配信プラットフォーム
3	SNS	Twitter	Damus	分散型SNSプロトコル「Nostr」を採用し、テキスト送信に特化したシンプルなTwitterライクなアプリ。Twitterの創業者であるJack Dorsey氏が開発資金を援助
4	ビジネスSNS	LinkedIn	Indorse	ブロックチェーンをベースとしたSNSで、LinkedIn同様にプロフィールを作成したり、誰かのプロフィールを支持するとトークンが付与される
5	ブログプラットフォーム	Medium	Mirror	ブロックチェーンベースのブログプラットフォーム。記事をNFTとして公開可能で、書き手は自由に記事の値段を設定できる
6	音楽配信	Spotify	Audius	ブロックチェーンをベースとした音楽配信サービス。利益の90%をすべてのアーティストへ還元し、ユーザーは広告なしに音楽を楽しむことができる
7	求人サイト	Upwork	Braintrust	イーサリアムブロックチェーン上で稼働する運営企業の存在しないクラウドソーシングサービス
8	ストレージ	Amazon S3	Filecoin、Arweave	ブロックチェーンをベースとして構築されている分散型のストレージサービス

（出所）野村総合研究所

ービスである。非中央集権のプラットフォームを標榜するMirrorの場合、記事は分散型ストレージ「Arweave（アーウィーブ）」に保存され、誰かが勝手に改変したり、持ち出したりすることはできない。コンテンツの所有権は記事を書いたユーザー自身が持ち、価格や配布数なども自由に設定できる。

　ユーザーはイーサリアムアドレスが割り当てられたウォレットを使ってMirrorにログインした後は、一般的なブログプラットフォームと同様に記事を書いて公開できる。この際、NFTのチェックボックスにチェックを入れると、NFTとして記事を公開することができる。ただし、NFTとして公

開するためには、「ガス代（手数料）」がかかる点には注意が必要である。

　ここでは1つだけ紹介したが、ほかのプロジェクトもそれぞれ興味深い取り組みを行っている。すべてのプロジェクトが既存のWeb2.0のサービスに取って代わると考えるのは現実的ではないが、Web3の特徴をフルに生かして、クリエイター、ユーザー双方にメリットのある仕組みを構築できれば、その可能性は大きく広がるはずだ。

Web3アプリケーションの核となる「コンポーザビリティ」

　Web3でしばしば登場するのが「コンポーザビリティ」、あるいは「マネーレゴ」と呼ばれるキーワードであり、Web3アプリケーションの大きな特徴の一つである。実はWeb3アプリケーションは基本的にオープンソースとして開発されており、そのソースコードは誰でも閲覧できるようになっている。そのため、別の新しいアプリケーションを開発しようとする際には、そのアプリケーションを部品（構成要素）として利用できるのである。

　コンポーザビリティはこの特性を利用したもので、既存のアプリケーションをそのまま、あるいは一部を組み合わせて再構築し、新しいアプリケーションを開発できることを意味する。検証済みの信頼性の高い既存のコードを大量に使用し、不足している部品の開発だけに集中できるため、開発速度が飛躍的に向上する。

　もっとも、こうしたソフトウェア部品の再利用という考え方はソフトウェアエンジニアであれば、特段新しいものには感じられないかも知れない。開発生産性向上のために、さまざまなアプリケーションで共通して使用する汎用性の高い機能（認証、決済、在庫管理など）を独立して稼働するソフトウェア部品として用意しておき、別のアプリケーションを構築する際に組み合わせて開発することは以前から行われてきたからである。「ライブラリ」「フレームワーク」「SOA（Service Oriented Architecture：サービス指向アーキテクチャ）」「マイクロサービス」など、部品の大きさや誕生した時代によって言い方はさまざまであるが、大ざっぱにいえば、すべてソフトウェア部

品の再利用による開発生産性向上を目的とした取り組みである。

　コンポーザビリティの考え方はしばしばレゴブロックにたとえられる。レゴはブロック同士を組み合わせる部分（インターフェース）が共通しているため、どんなブロックでも自由に組み合わせることができる。コンポーザビリティも同様に、インターフェースが共通化されている必要がある。コンポーザビリティの考え方に沿って開発されたDeFiは「マネーレゴ」と呼ばれることがある。

　Web2.0時代のプラットフォーマーは自社の競争力の源泉となっているサービスやデータをクローズドとすることで競争優位性を保ってきた。Googleの検索エンジンやFacebookのソースコードが公開されることはないだろう。

コンポーザビリティを実現するイーサリアムの標準仕様

　DApps（Decentralized Applications：分散型アプリケーション）と呼ばれるブロックチェーンをベースとしたWeb3のアプリケーションではこれまでの常識が覆される。アプリケーションのすべてのスマートコントラクトはブロックチェーン上に公開されており、誰でも参照できる。コードが読めるエンジニアであればソースコードを検証可能であるほか、ほかのスマートコントラクトから呼び出したり、丸ごとコピーして同様のアプリケーションを開発したりすることもできる。実際、DEX（Decentralized Exchange：分散型取引所）であるSushiSwapは、同じDEXのUniswapのコードベースを丸々コピーすることで、分散型取引所を立ち上げた（詳細は第3章）。

　スマートコントラクトは「契約の自動化」といった意味で、契約内容と実行条件をあらかじめブロックチェーン上にプログラムしておくことにより、その条件が満たされた場合、決められた処理（契約内容）を自動で実行する仕組みである。第三者が介在する場合に比べ、取引が自動で行われるため、取引にかかる時間が削減できるほか、ブロックチェーン上に取引履歴が自動で記録され、取引内容が不正に改ざんされることを防げるというメリットが

ある。

　スマートコントラクトはイーサリアムブロックチェーンの最大の特徴であり、Solidityなどのプログラミング言語を使用してアプリケーションを開発できる。もともとイーサリアムのアーキテクチャはコンポーザビリティを促進するように設計されているが、異なるアプリケーション間のコンポーザビリティを確実なものにしているのが、ERC（Ethereum Request for Comments）と呼ばれるイーサリアムの標準仕様の存在である。ERCでは、トークン、ネームレジストリ、ウォレットのフォーマットなどについて、アプリケーションレベルの標準が規定されている。最も有名で多く使用されているのは、トークン規格「ERC-20」で、イーサリアムブロックチェーンと互換性を持つ暗号資産を作るために使用される。各トークンの核となる機能を標準化したもので、この規格に則って作られたすべてのトークンは互いに互換性を持つ。

　インターネットや電子メールでもプロトコルの標準化が普及に欠かせなかったように、コンポーザビリティにおいても標準化は欠かせない。ERCという標準の存在によって、イーサリアムのスマートコントラクトはビルディングブロックとして機能し、より大きなシステムとして組み立てることができる。

コンポーザビリティのリスク

　コンポーザビリティには多くのメリットがある一方で、リスクも指摘されている。たとえば、多くのWeb3サービスのベースとなっているイーサリアムブロックチェーンが攻撃を受けた場合、その上で構築されているすべてのアプリケーションが危険にさらされる。これはクラウドサービスを利用している人であればイメージしやすいだろう。多くのサービスの基盤として利用されているAWS（Amazon Web Services）に代表されるクラウドサービスに何らかの障害が発生し、ダウンしてしまった場合、その影響範囲は計り知れない。今や社会インフラと呼んでもよいほどに利用が拡大しているクラウ

ドとは比較にならないが、イーサリアムも多くのWeb3サービスの基盤となっている。

　スマートコントラクトのリスクもある。コンポーザビリティでは、ほかのアプリケーションに含まれているスマートコントラクトを呼び出して使用できるが、スマートコントラクトのコードにバグがあったり、悪意のあるコードが含まれたりしていると、リエントラント攻撃[注2]が発生し、スマートコントラクトを利用するアプリケーションに影響を与える可能性が高くなる。コンポーザビリティがあたり前のように使用されているDeFiの場合、攻撃者はスマートコントラクトのバグを悪用して資金を流出させることもできる。実際、DeFiに資金を預けているユーザーが多大な損失を被るという事件が発生している。

　1対1ではなく複数のサービスを複雑に組み合わせて構築しているアプリケーションもあり、その場合、リスクはさらに大きくなる。

ファットプロトコル理論

　Web2.0とWeb3の違いを理解する上で重要になるのが、「ファットプロトコル理論」である。これは、一言で言えば、「Web3では、プロトコルレイヤーの価値がアプリケーションレイヤーよりも高くなる」ということである。ファットプロトコル理論は2016年に、当時、米国のユニオン・スクウェア・ベンチャーズというベンチャーキャピタルに在籍していたJoel Monegro氏が提唱した理論であり、Web3／暗号資産界隈では共通認識となっている。

　技術系でない方はあまり馴染みがないかも知れないが、プロトコルとは手順や取り決めといった意味である。インターネットでは、通信やWebの基

(注2) スマートコントラクトでは本来、プログラムを一度実行すると中断することなく最後まで実行されるが、ある条件のもとでは途中で中断し、任意の処理を差し込めるようになる。たとえば、同じプログラムをもう一度実行することも可能であり、その場合、実行中断中にもう一度最初から再実行されることになる。そのため、再入場＝リエントラント攻撃と呼ばれる。たとえば、銀行の預金を管理するサービスで、預金を引き出すためのスマートコントラクトを実行し、着金を確認後、残高を減少させる処理の実行前に、引き出し処理を繰り返し何度も実行させる。すると、預金残高を一切減少させずに全残高がゼロになるまで引き出しを行うことができる。

盤となるTCP/IPやHTTP、メール送信のためのSMTPなどのプロトコルがなくてはならないものとして使用されるものの、それ自体は競争優位性を生み出すものではない。

　Web2.0では、このプロトコルレイヤーの上に構築されるアプリケーションとそこから生み出されるデータ、さらにはユーザーが使いやすいように綿密に設計された独自インターフェースが競争力の源泉となっている。このことはWeb2.0時代の勝者であるGAFAを見れば明らかであろう（ここからは、データとインターフェースを含む総称として「アプリケーションレイヤー」と呼ぶ）。

　しかし、Web3ではこのプロトコルレイヤーとアプリケーションレイヤーの価値が逆転する。その理由は、「共有データレイヤー」と「投機的な価値を有するトークン」の存在である。Web3では、個々のアプリケーションがサイロ化されたデータへのアクセスをコントロールするのではなく、オープンかつ分散されたブロックチェーンという「共有データレイヤー」にユーザーのデータを複製・保管する（図表1-2）。

　そのため、Web2.0時代のようにプラットフォーマーがデータを囲い込むのではなく、誰もが等しく自由にデータにアクセスできる。これは新規プレイヤーの参入障壁を下げることにつながるため、活気あるエコシステムの形成が期待できる。複数存在する暗号資産取引所の乗り換えが簡単にできるのは、これらの取引所がすべてブロックチェーンのトランザクションデータに自由にアクセスできるからである。

　イーサリアムなどのオープンなプロトコル上に構築されたアプリケーションは互いに競合関係にあるものの、同一プロトコルで構築されているため、相互運用性が確保されている。ユーザーにとってはスイッチングコストが安くなるため、アプリケーションの開発者側は成功するためにより良いアプリケーションを開発しようとするインセンティブが働く。

　しかし、オープンなネットワークと共有データレイヤーだけでは、そのプロトコルの採用を促進するためのインセンティブとして十分とはいえない。そのギャップを埋めるのが、プロトコルが発行する独自のトークンである。

図表1-2　Joel Monegro氏が2014年に描いたブロックチェーンの アプリケーションスタック

■最下層の「共有データレイヤー」にはその名の通り、誰もがアクセス可能なデータが保存される。

（出所）https://joel.mn/the-shared-data-layer-of-the-blockchain-application-stack/をもとに作成

　プロトコルへの関心が高まれば、トークンの価格も上がり、結果としてプロトコルの価値も向上する。プロトコルの価値が上がると、その上でより多くのアプリケーションが開発されるようになり、さらに競争原理が働くことによって、アプリケーションの成功確率が上がるというように好循環になっていく。アプリケーションレイヤーの成功はプロトコルレイヤーの成長を加速させるため、結果としてアプリケーションレイヤーの価値の合計よりも、プロトコルレイヤーの価値の方が早く成長していく。これが、トークン化されたプロトコルが厚みを増し（富み）、そのアプリケーションが薄くなる（貧する）というMonegro氏の考えである（図表1-3）。

　やや抽象的な説明でわかりにくかったかも知れないが、簡単にまとめると次のようになる。

**図表1-3　Web2.0とWeb3のプロトコルレイヤーと
　　　　　アプリケーションレイヤーの価値の違い**

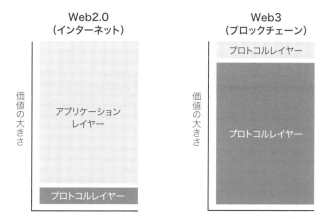

■Web2.0時代（左）はプロトコルレイヤーに比べ、アプリケーションレイヤーの価値が
　分厚く（ファットに）なり、Web3（右）では、プロトコルレイヤーの価値が分厚くなる。

（出所）https://www.usv.com/writing/2016/08/fat-protocols/をもとに作成

- プロトコルレイヤーはWeb2.0時代から重要であったが、それ自体が収益に直結することはなく、その上で動くアプリケーションレイヤーが収益を生んでいた。
- Web2.0のアプリケーションレイヤーは、データを独自のインターフェースで囲い込み、スイッチングコストを高くすることで競争優位性を確保していた。
- しかし、その戦略はWeb3では通用しない。なぜなら共有データレイヤーによって、誰もが等しくデータにアクセスできるからである。
- 反対にプロトコルレイヤーがトークンを発行できるようになったことで、それ自体が価値を生み出せるようになった。プロトコルレイヤーのトークンの価値はアプリケーションレイヤーの成功が牽引するため、プロトコルレイヤーの価値の方が早く成長する。

Web3のユーザー認証

　ブロックチェーンという誰もがアクセス可能な共有データレイヤーにユーザーのデータが保管されることによって、サービス利用時のユーザーの認証方法も変化する。

　Web1.0の時代には、各サービスを運営しているサーバーにユーザーのIDとパスワードが保存されているため、ユーザーは毎回入力が必要であった。Web2.0の時代になると、GoogleやFacebookなど、多くのユーザーがアカウントを保有しているであろうプラットフォーマーのIDを利用した「SNSログイン」と呼ばれる方法を採用するサービスが多くなった。これにより、ユーザーは初めて利用するサイトでも新たにアカウントを登録する手間を省けるようになった。プライバシーに敏感なユーザーは、該当サービスの利用履歴がプラットフォーマーの手に渡ることが気になるかも知れないが、その点は利便性とのトレードオフになる。ただし、FacebookやGoogle、Twitterなど競合のサービス間ではIDは共有できないという制約がある。

　一方、Web3ではブロックチェーン上のデータをもとにログインするた

図表1-4　Web1.0、Web2.0、Web3でのユーザー認証方法の違い

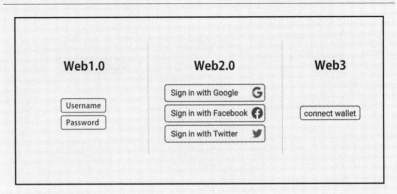

（出所）Web3 Capitalのツイート（https://twitter.com/Web3Capital/status/1478331188003557378）

め、使用するサービスに自分の暗号資産用のウォレットを接続するだけで利用できる（図表1−4）。そのため、サービスごとにIDとパスワードを何度も入力する必要がなくなる。ユーザーのIDはウォレットに保存され、ほかのサービスを使用する際には読み取り専用のアクセスを許可できるようになっているからである。

このようにWeb3のサービスではSNSログインが不要になるため、プラットフォーマーにデータを収集されることもなくなる。このため、プライバシーに敏感なユーザーも安心して使用できるようになる。

発想の転換が必要に

Web3の特徴であるコンポーザビリティ、そしてファットプロトコル理論に見るアプリケーションレイヤーとプロトコルレイヤーの価値バランスの変化はWeb2.0との非常に大きな違いである。Web3のプロダクトを開発しようとする場合、この点を念頭に置かなければ成功はおぼつかない。

自分たちが開発したプロダクトのコードはオープンソースとなり、誰もが利用できる一方で、すでに世に出回っている他人が開発したプロダクトのコードもオープンソースであるため、自由に利用できる。

ファットプロトコル理論に基づくと、プロトコルへの関心が高まり、ほかの人に利用されればされるほど、そのプロトコルの価値は高まり、プロトコルのトークン価格は上がる。「再利用されてナンボ」の世界なのである。このため、プロトコルを組み合わせて新たなプロトコルやアプリケーションを作りやすいようにプロトコルを設計することが求められる。

この考え方はいわゆる「APIエコノミー」の考え方と似ている。APIエコノミーとは、あるサービスのAPI（アプリケーション・プログラミング・インターフェース）を公開して他社のサービスと連携することで経済圏を拡大させていく考え方である（「Googleマップ」をイメージしてもらうとわかりやすいかも知れない）。

図表1-5　Web2.0とWeb3の違い

	Web2.0	Web3
用途	Read、Write	Read、Write、Own
特徴	中央集権	非中央集権
組織形態	一般的な会社組織	DAO
ガバナンス	取締役会による決議	コミュニティによる投票
インセンティブ	特になし	トークン
価値を生むレイヤー	アプリケーションレイヤー	プロトコルレイヤー
サービスのソースコード	原則非公開	原則オープンソース化
データ	1企業で独占	ブロックチェーンで共有

（出所）野村総合研究所

　ただし、企業が自社のAPIを外部に公開しても、誰にも使ってもらえなければ経済圏は広がらず公開した意味がない。そのためには、外部のエンジニアが利用しやすいように慎重にAPIを設計する必要がある。

　このようにWeb3プロジェクトでは、コードがほかの人によって再利用されるという前提に立って成長戦略を練るというようにWeb2.0時代からの発想の転換が求められる。

　ここまでのまとめとして、Web2.0とWeb3の違いをまとめた（図表1-5）。Web3の象徴的な組織形態であるDAOやガバナンスの仕組みについては第2章で詳しく説明する。

Web3がはらむ矛盾

　Web3の世界では、「ディセントラライズ（decentralize：分散化、非中央集権化）」がある種の教義となっており、DeFiに代表される各種サービスのほか、DAOのような組織でも特定の誰かに権力が集中しないようにする仕組みが随所に取り入れられている。

　しかし、すべてが非中央集権で行われているかというと実はそうはなって

いない。たとえば、NFTマーケットプレイス最大手のOpenSeaである。OpenSeaは2022年1月にデータベースの障害によってダウンし、OpenSeaのAPIを利用している暗号資産ウォレットのデファクトスタンダードである「MetaMask」などが影響を受けた。これによって、NFTを新規に購入したユーザーはNFTを表示できないといったトラブルに見舞われ、Twitter上では、「OpenSeaではなく、ClosedSeaに企業ロゴを変えては？」といった皮肉を込めたツイートも拡散された^{注3}。

　これはまさに、AWSやGoogleクラウドのような中央集権型のクラウドサービスがダウンすることで、多くの企業活動に支障が出るという構造と同じである。

　Web3コミュニティでデファクトスタンダードとなっているコミュニケーションツールであるDiscordも分散型ではない。ゲームをしながら個人間、複数人で同時に会話ができる音声チャット機能があることから、もともとはゲーマー間で人気となっていたが、テキストチャット機能もあることから多くのWeb3プロジェクトでも使用されている。しかし、これもDiscordという会社が管理しているデータベース上に存在しており、ブロックチェーンとは何ら関係がない。

　このように、現状のWeb3は理想的には分散化、非中央集権化を目指しながらも、実態としてはすべてがそうなっているわけではなく、矛盾をはらんでいるともいえる。たとえば、Twitterの創業者であるJack Dorsey氏は以前よりWeb3に疑念を持っており、2021年12月21日に「Web3はベンチャーキャピタルや投資家のものになっている。彼らのインセンティブからは逃れられず、究極的にそれは名前が違うだけの中央集権型なエンティティだ」とツイートし、物議を醸した。そして、2022年6月には真の分散型インターネットとして「Web5」を提唱するに至っている。

すべてが分散化するのか

　ここである疑問が浮かんでくる。次世代のWebではすべてが分散化、非中央集権になっていなければならないのかということだ。

　現在のWeb3というムーブメントがGAFAに代表される巨大プラットフォーマーに対するアンチテーゼから生まれたことは事実である。昨今では、過度な個人情報の収集や市場の独占、税金逃れなど負の側面がクローズアップされることが多いが、依然として世界中で多くの消費者が彼らのサービスを使い続けている。端的に言えば、「便利だから」ということだが、消費者が求める洗練された体験を提供できていることの証しだと言えるだろう。

　考えてみれば、自分が使用しているサービスが「分散なのか、集中なのか」といったことを意識している一般ユーザーはどれほどいるだろうか。ユーザーにとって大事なのは、「分散だと自分にどういったメリットがあるのか」ということであり、やみくもに「分散、非中央集権」を追い求めるのは本末転倒であろう。

　その点、たとえば、DeFiのレンディングサービスで「中央の管理者が存在しないため、銀行にお金を預けておくよりも高金利が約束されている」ということであれば、ユーザーに明確なメリットがある（もちろんハッキングなどのリスクを伴うため、メリットだけではない点には注意が必要である）。

　一方、中央集権にもメリットがある。たとえば、意思決定プロセスや意思決定者が明確かつ限定されていることから、意思決定に至るスピードが速いといった点である。

　このように考えていくと、すべてが分散、非中央集権になると考えるのは現実的ではない。どこかの決められたタイミングである日突然、Web2.0の世界がWeb3にガラッと切り替わるということはなく、適材適所で共存することになるだろう。当面はその適材適所は果たしてどこなのかを模索していくことになる。

第2章

Web3時代の
新しい組織のカタチ DAO

　DAOはDecentralized Autonomous Organizationの略で、日本語では分散型自律組織と訳される。ビジネスや慈善事業の運営など、共通の目標を達成するために集まった人々で構成されるオンラインコミュニティであり、特定の所有者（株主）や管理者（経営者）が存在しなくても、事業やプロジェクトを推進できる組織を意味する。イーサリアムやPolkadot、Cosmosなどのパブリックブロックチェーン上で運営（分散）されており、運営ルールはスマートコントラクトでプログラムされているため、事前に指定した条件が満たされると自動的に執行される（自律）。これが、「分散型」「自律」の意味である。

　DAOという言葉はイーサリアムを考案したVitalik Buterin氏が2014年に提唱した。Buterin氏はDAOを従来の組織との比較だけでなく、自律という観点からAI（人工知能）、ロボットとの比較によってもDAOを正確に定義することを試みた（図表2-1）。

　同氏はまず、組織の中心に人間が必要なのか、自動化できるのか、エッジ（端）には人間が必要なのか、自動化できるのかで4象限に分類した。AIは組織の中心の意思決定も、エッジでの作業も自律的に行われるものを指すため、左上の象限に分類される。ロボットは人間がプログラムした内容に従い、人間の代わりにエッジで自律的に動作する（工場の組み立てラインのロボットなど）ため、左下に分類される。DAOは中心に人間（経営者）は必要ないものの、エッジでは人間が特定のタスクを実行するために右上になり、従来型組織は中央での意思決定もエッジで働くのも人間になるため、右下になる。

　ただし、Buterin氏も認めているように、この定義にはすっきりしない部分がある。「自動化」といってもAIとDAOにおける「意思決定の自動化」は実際には異なる意味合いを持ち、同一のものとして扱うのは無理があるからである。AIの場合は文字通りに受け取ってよいが、DAOは従来の組織と異なり、経営者のような一部の人間によって意思決定がなされるわけではないという意味である。

図表2-1　DAOを提唱したVitalik Buterin氏によるDAOの位置づけ

	末端が自動化	末端が人間
中心が自動化	AI	DAO
中心が人間	ロボット （工場の組み立てラインなど）	従来型組織

（出所）https://blog.ethereum.org/2014/05/06/daos-dacs-das-and-more-an-incomplete-terminology-guide/をもとに作成

従来組織との違い

　改めて従来組織とDAOとの違いを見ていく（図表2-2）。株式会社などの従来の組織には、所有者や経営者、管理者が存在する。たとえば、株式会社では株主が組織の所有者として存在し、経営者が実際の運営者として会社の経営を担う。そして、経営者が定めた方針のもと、部長や課長、係長、一般社員といった階層構造になっている。

　このような組織構造では、「上意下達」という言葉があるように、上位の階層の人間の意向に下位の人間が黙って従うということになりやすい。意思決定が迅速に行えるというメリットはあるものの、下位の人間に「やらされている感」をもたらし、主体的に仕事に取り組めない従業員の増加を招くことにもなる。その結果、組織の活性化を阻害し、イノベーションが生まれない要因の一つになっている。

　従来組織には透明性という観点も欠けている。経営者が会社の経営状態などをすべて従業員に公開する義務はなく、経営会議なども密室で行われるこ

図表2-2　従来の会社組織とDAOの違い

	従来の会社組織	DAO
組織構造	階層構造	フラット
参加	審査が必要	基本的に誰でも参加可能（一部のDAOはNFTの保有などの条件あり）
意思決定	組織の階層に基づき、上位の役職が意思決定を行う	ガバナンストークン保有者による投票で決定
ガバナンス	取締役会、役員、一部の株主による	コミュニティベース
透明性	上場企業であれば、IRなどで一部公開	スマートコントラクトとして記述されるため、すべて公開。資金の用途も追跡可能
物理的な所在	特定の国に存在	物理的な所在はなく、グローバルに分散
運営	人間の介在が必要	スマートコントラクトによって自動化
人材の流動性	乏しい	激しい
文化の構築・維持	比較的容易	難しい

（出所）野村総合研究所

とが普通だ。会議の議事録も参加者に回覧されることはあっても、全従業員に公開されることはまずない。仮にあったとしても、あたり障りのない情報だけであって、肝心の情報は非公開が普通であろう。

　一方、DAOでは参加メンバーに上位も下位もなく、フラットな組織構造が特徴である。参加するにはそのプロジェクトが発行している「ガバナンストークン」と呼ばれる独自のトークンを保有している必要があるが（参加に必要なトークンの量はDAOにより異なる）、誰かの許可が必要というわけではない。そのため、暗号資産取引所などで参加したいDAOのトークンを購入すれば誰でも参加できる。この点も経営者や役員などによる面接や書類審査などが必要となる従来組織とは大きく異なる。

　また、DAOでは共通の目標を達成するためのアイデアを誰でも提案できるようになっている。そして、誰でも投票できるようにすることで、民主主義に基づく公平な意思決定が促進される。そこには、役員の「鶴の一声」といった概念は存在せず、幅広いコンセンサスを得ることなく、よくわからな

いままプロジェクトがスタートしてしまうことはなくなる。メンバー誰もが自律的に仕事に取り組める環境といえるだろう。

　組織のルールはスマートコントラクトによってプログラムされ、ブロックチェーンに刻まれているため、一部の人間の都合によって勝手に変更することはできない。ルールを変更する場合もトークンを保有するメンバーによる投票を通じて決定される。中央集権型の組織のように特定の人物の意向で物事をコントロールすることはできない。

　こうしたスマートコントラクトのコードはすべて公開されているほか、DiscordやTelegramなどのコミュニケーションツールを介して世界中の参加メンバー間で情報共有が行われており、透明性の高さも大きな特徴である。

　多くのWeb3プロジェクトは、一般的なスタートアップ企業と同じように少数のコアメンバーによって立ち上げられるが、ある程度軌道に乗ったあとはDAOへの移行を目指していることが多い。

DAOにおける報酬

　共通の目標を達成するために集まった人々で構成されるオンラインコミュニティというと、同じ趣味や関心事を持つ人が集まるフォーラムなどと同じではないかと感じるかも知れない。しかし、DAOとフォーラムとの決定的な違いとして「内部資本の有無」が挙げられる。DAOでは内部資本としてトークンを有しており、メンバーのプロジェクトへの貢献度合いなどに応じ、報酬として配布される。

　貢献度というと、コードを書いて何らかのプロダクトを開発しなければならないように感じるかも知れないがそうではない。DAOでは、開発を担当するエンジニアだけでなく、マーケティング、デザイン、教育、コミュニティ管理など、さまざまな役割のメンバーを必要としており、自分の経験に応じた貢献の仕方がある。

　前述した通り、トークンは第三者が購入することもできる。意思決定に参

加できる権利を持つトークンがガバナンストークンである。第三者も含め、多数のメンバーがガバナンストークンを保有することによって、組織運営に関する意思決定を分散化することができる。なお、これらのトークンの配布履歴もすべて外部に公開される。こうした点もDAOが「透明性が高い」と評される理由の一つである。

　DAOが既存の会社形態を置き換える可能性があると言われているのは、トークンの存在が大きい。しかし、トークンホルダー（トークンの保有者）の中には投機目的の人も当然存在する。そのため、発行されたトークンは売り圧力にさらされる傾向があり、トークンを保有し続けることを促すインセンティブ設計や、価格をうまくハンドリングするトークノミクスの設計が極めて重要になってくる。トークノミクスについては第6章で詳しく解説する。

世界最初のDAO

　DAOの起源は2016年にドイツのStock.itというスタートアップが始めた、その名も「The DAO」というプロジェクトであった。クラウドファンディングによって1.5億ドル（当時のレートで約150億円）もの資金を集めてスタートした。

　The DAOはイーサリアムブロックチェーンを使って、ファンドマネージャーなしに投資先の選定、配当の分配を行う非中央集権型の投資ファンドであった。The DAOが発行する「DAOトークン」を購入したユーザーには投資先を提案したり、利益の分配などの提案に対して投票したりする権利が与えられた。

　投資先の提案はトークンホルダーであれば誰でもできたが、「キュレーター」と呼ばれる人に承認されなければならなかった。最初のキュレーターはイーサリアムファウンデーションとStock.itのメンバーをメインに構成されたが、投票によって罷免したり、選出したりすることができた。また、最終的な投資先はトークン保有者による投票で決定された。こうした仕組みは現

在のDAOへと引き継がれていると言えよう。

　The DAOは当時、誕生から1年程度しか経っていなかったイーサリアム上に構築された最初のクラウドファンディングプロジェクトであり、調達金額も大きかったため、多くの注目を集めた。

　しかし、発足からわずか1カ月後、The DAOが記述したスマートコントラクトの脆弱性を突いたハッキングに遭い、全資金の約3分の1にあたる7000万ドル相当のETH（イーサ）が盗み出されてしまう。このハッキングによってDAOトークンの上場は廃止、The DAOは事実上解散した。イーサリアムはコミュニティによる投票結果などを踏まえ、盗まれた資金をもとに戻すためにハードフォーク（仕様変更）を行った。これがイーサリアムネットワークの分岐を引き起こすことになり、物議を醸すことになった。

DAOのタイプ

　The DAOの事件は一時的にDAOに対するイメージの悪化を招いたことは否定できないが、その斬新な組織形態は多くの人に支持された。そのため消えることはなく、逆に現在ではさまざまなタイプのDAOが生まれ、活発に活動している。

　DAOには、大きく分けて次の8つの種類がある（図表2-3）。

（1）Protocol DAO（プロトコルDAO）

　DEXやレンディングなどのDeFiを中心に、プロトコルそのものを管理したり、改良したりしていくためのDAOである。投票権として使用できる「ERC-20」規格に準拠したトークンをガバナンストークンとして配布するという手法はプロトコルDAOから生まれたものである。

　運営をコアチームからコミュニティに徐々に移行させ、将来的にはコミュニティ主導で自律的に運営されることを目指しているDAOが多い。すでに多数のプロトコルDAOが組成されており、MakerDAO、UniswapDAO、YearnDAO、CurveDAOなどが代表的なプロトコルDAOである。

図表2-3　DAOのカテゴリと代表的なDAO

	カテゴリ	概要	代表的なDAO
1	Protocol DAO（プロトコルDAO）	プロトコルのガバナンス	MakerDAO、UniswapDAO、YearnDAO、CurveDAOなど
2	Investment DAO（投資DAO）Venture DAO（ベンチャーDAO）	新規スタートアップなどへの投資	MetaCartel、LinksDAO、Krause House DAOなど
3	Grant DAO（助成金DAO）	非営利団体支援の促進	Gitcoin、Aave Grants DAO、MolochDAOなど
4	Philanthropy DAO（慈善活動DAO）	社会的責任への貢献	Big Green DAO、UkraineDAO、Dream DAOなど
5	Social DAO（ソーシャルDAO）	共通の関心を持つメンバーが集まり、価値観を共有	Friends With Benefits、ApeCoin DAO、PizzaDAOなど
6	Collector DAO（コレクターDAO）	資金を共同出資し、NFTなどを収集	Flamingo DAO、Constitution DAO、PleasrDAOなど
7	Media DAO（メディアDAO）	コミュニティ主導のコンテンツ制作	BanklessDAO、Decrypt、Forefrontなど
8	Service DAO（サービスDAO）	特定のスキルを持った人材によるプロフェッショナルサービスの提供	Vector DAO、Developer DAO、Lex DAOなど

（出所）野村総合研究所

(2) Investment DAO（投資DAO）、Venture DAO（ベンチャーDAO）

　アーリーステージのWeb3スタートアップやプロトコルに投資したり、あるいは現実世界のプロスポーツチームを買収するために資本をプールしてベンチャーキャピタルのように投資したりするDAOである。投資状況はブロックチェーン上に記録されるため、メンバーはいつでも監査できる。そのため、従来のベンチャーファンドよりも運営の透明性が高いといえよう。

　たとえばMetaCartelは、イーサリアム上に構築されたアーリーステージのDAppsのプロジェクトに投資しているDAOである。

　また、世界有数のゴルフコースを所有することをミッションとしているLinksDAOや、バスケットボールのファンが集まりNBAチームを所有することを目標とするKrause House DAOなど、特定の趣味を持つメンバーに

よって組織されている DAO もある。

(3) Grant DAO（助成金 DAO）

　Grant とは助成金を意味する。グラント DAO は最初に誕生した DAO の形態の一つで、コミュニティが「助成金プール」に資金を寄付し、その資金の提供先プロジェクトと配分をコミュニティによる投票によって決定する。グラント DAO の目的は、革新的な DeFi プロジェクト中心に資金を提供することであり、資金を必要とする組織は資金提供の申請書を提出する。投資 DAO と似ており、違いは金銭的な見返りを期待せずに資金を提供する点のみである。

　代表的なグラント DAO の一つである Gitcoin はこのモデルの先駆者で、ほかの方法では資金を調達するのが難しいオープンソースの Web3 プロジェクトに対して助成金を提供している。また、Aave Grants DAO は、レンディングプラットフォームの Aave Protocol をさらに良くするアイデアやプロジェクトに対し、四半期ごとに指定された額の資金を提供する。

(4) Philanthropy DAO（慈善活動 DAO）

　社会的責任への貢献を共通目的として組織される DAO である。最初の慈善活動 DAO である Big Green DAO は非営利団体が母体となっており、「食物を育てることは、栄養の安定と心の健康を改善し、屋外で過ごす時間を増やし、気候に与える影響についてより深く理解することを促進する」として、研修などを通じて学校やコミュニティが自分たちで食物を育てられるように支援している。

　また、後述するロシアによる侵略からウクライナを支援する Ukraine DAO もこの慈善活動 DAO の一つである。

(5) Social DAO（ソーシャル DAO）

　共通の関心を持つメンバーが集まり、価値観を共有する DAO である。ほかの DAO と異なり、誰でも参加できるわけではなく条件が設定されている。

たとえば、特定の数のトークンを保有している、NFTを所有している、あるいは個人的に招待されるなどの条件が設定されていることが多い。

最も有名なソーシャルDAOはFriends With Benefits（FWB）であろう。このDAOは独自のトークン「FWBトークン」を発行しており、メンバーになるには申込書を提出し、75FWBトークンを取得する必要がある。入会すると、著名なアーティストやクリエイターが集まるコミュニティや限定イベントに参加できる権利が与えられる。

(6) Collector DAO（コレクターDAO）

その名の通り、何かを収集するために組織されたDAOで、現状ではNFTの収集を目的とすることが多い。DAOのメンバーが資金を共同出資し、投資を判断する。購入したNFTなどの価格が上昇した時には各メンバーの出資額に応じて利益をシェアする。

有名なコレクターDAOの一つであるFlamingo DAOは、NFTの収集に特化したDAOでメンバーは限定100人、高価なNFTの購入を目的としていることから、本人確認や最低年収条件などが設定されており、参加するにはハードルが高い。Flamingo DAOのサイトを訪れると、収集したNFTコレクションを見ることができる。

また、アメリカ合衆国憲法の原本をオークションで落札するために立ち上げられたConstitutionDAOは、わずか1週間で4700万ドルもの資金を集め、注目された。残念ながらオークションに敗れ、落札できなかったため、コアチームの活動は終了し、集めた資金は全額返金することが公表されている。

(7) Media DAO（メディアDAO）

コンテンツ制作者と読者、双方のメディアとの関わり方を再定義することを目的としたDAOである。広告ベースの収益モデルに依存した従来のトップダウンアプローチではなく、コミュニティ主導でコンテンツを制作し、制作者にはトークンを付与することによって広告を排除した運営を目指してい

る。

　代表的なメディアDAOの一つがBanklessDAOである。このDAOはバンクレスという名前が表す通り、「旧来の銀行なしで生きていく」という思想に賛同するメンバーが集まっている。そして、銀行なしで生きていくための情報をニュースレターやYouTube動画、ポッドキャストなどのメディアを通じて提供している。

　BanklessDAOは発足時に独自のトークンを発行し、読者などに配布した。また、執筆、開発、デザイン、翻訳などの「Guild（ギルド）」と呼ばれる13のスキルプールが存在する。メンバーは各自のスキルに応じたギルドに所属し、スキルを活かせる機会があればプロジェクトに参加してトークンを獲得できる。ほかのDAOと同様に、トークンを保有していると運営方針を決定する投票に参加できる。

(8) Service DAO（サービスDAO）

　マーケティング、アプリケーション開発、財務管理などの特定のスキルを持った人材が集まり、プロフェッショナルサービスを提供するDAOである。自身の得意分野を生かしてプロジェクトの遂行を支援し、対価としてトークンを受け取る。顧客はメンバーが貢献したタスクに対して報酬を支払う。現在の顧客の多くはWeb3のプロジェクトで、プロジェクトが必要とするエンジニアやデザイナーなどの人材をニーズに合わせて派遣する。

　たとえば、Vector DAOは製品デザイナー、イラストレーター、ブランドデザイナーなどのスキルを持つメンバーが集まっており、そうした人材を必要とするWeb3プロジェクトにメンバーが参加し、貢献度に応じてトークンを受け取る。

　ここまでDAOを便宜上8つのカテゴリに分類し、それぞれ代表的なDAOについて簡単に説明した。しかし、これ以外のカテゴリに分類するケースもあるほか、あるカテゴリに分類したDAOが別のカテゴリに属するとされるケースもあり、明確に分類できるものではない。たとえば、投資DAOに分

類したKrause House DAOは、バスケットボールという共通の趣味を持つメンバーが集まるという点でソーシャルDAOに分類されることもある。

DAOの立ち上げ手順

　ここまで説明してきたように、すでに世界中で多数のDAOが立ち上げられている。DAOに関する情報サイト「DeepDAO」には、本稿執筆時点（2022年11月）で2200以上のDAOが登録されている。そのため、DAOの立ち上げ手順や実際の運営で役に立つツールなどのベストプラクティスも整理されつつある。

　DAOは通常、Discord、Telegram、Twitterのようなコミュニケーションプラットフォームを介してつながった人々によって設立される。もしくは、既存のコミュニティやブロックチェーンベースのアプリケーションをもとに組成されることもある。その後、設立メンバーはDAOの理念や事業展開計画の策定などに向けて協力し合って進めていくことになる。DAOの立ち上げは以下のようなステップで進めることが一般的である。

①DAOに名前を付ける

　DAOのミッションを端的に表す名前が望ましい。たとえば前述したUkraine DAOは、ロシアによるウクライナへの侵攻を受けて、支援金を集めるために立ち上げられたDAOである。

②ミッションステートメントの作成

　ミッションステートメントとは、価値観や行動指針を意味する。Ukraine DAOの場合は「Web3テクノロジーとコミュニティの力で、ウクライナの勝利に貢献する」となっており、以下の3つの行動指針が掲げられている。

・ロシアの侵略からウクライナを守るために、情報空間を含めて協力する。
・ロシアのプロパガンダに対抗し、ウクライナの声を増幅させる。

・戦後のウクライナの再建を支援する。

③コミュニケーションツールの設定

メンバーのエンゲージメント、コミュニティの構築、連絡事項の伝達のためのコミュニケーションの場を設定する必要がある。よく使われるプラットフォームはDiscord、Telegram、Twitterである。

④メンバーの募集

ディスコードを作成する前にTelegramを使用してグループを作成し、メンバーを集めることもできる。

⑤ガバナンストークンの発行ルールの決定、発行

メンバーへのインセンティブの一つとして、ガバナンストークンを発行し、運営に参加できるようにする。

⑥プロセスとルールの策定

投票によって運営方針を決める際の投票ルールや投票期間、最低投票率などのガバナンスについて調整し、そのプロセスとルールを体系化した上でわかりやすく文書化する。

⑦運営に必要な各種ツールの導入

財務管理ツールや投票ツール、あるいはメンバーの貢献度合いによって適切にトークンを配分するツールなどを導入し、円滑な運営を図る。

DAOの運営支援ツール

ここでは、DAOの立ち上げからアイデアの提案とそれに対する投票、トレジャリー（資金）管理、客観的な成果（プロジェクトへの貢献度合い）に基づく報酬の配分など、実際のDAOの運営に役立つツールをいくつか紹介

図表2-4　DAOの運営に使用できるツール

タスク	主なツール
DAOの立ち上げ	Aragon、DAOhaus、DAOstack、Collab.Land、Colony、Coinvise、Superdao、Syndicate（投資DAOに特化）など
トレジャリーマネジメント（財務管理）	Gnosis Safe、Llama、Coinshift、Fireblocksなど
ガバナンス管理（投票ツールなど）	Snapshot、Tally、Boardroomなど
資金調達	Juicebox、Mirrorなど
報酬の支払い（貢献度の測定などを含む）	Coordinape、SourceCred、Superfluid、Utopia、Parcelなど
コミュニケーション	Discord、Telegram、Twitter、Discourseなど

（出所）野村総合研究所

する（図表2-4）。

　DAOでは、お互いに会ったことのない匿名のメンバーで共同作業が行われることも珍しくない。メンバーが世界各地から参加しているような大規模なDAOではなおさらである。そのため、こうしたツールを適切に活用することでプロジェクトの運営を円滑に進められる。すでにデファクトスタンダードとなっているツールがある一方で、DAOに対する注目度の高まりとともに新しいツールも日々生まれている。

(1) Aragon

　Aragonは、イーサリアムブロックチェーン上でDAOの立ち上げと運営を支援するオープンソースのプラットフォームである。2016年から製品の提供を開始し、DAOの立ち上げから資金調達・財政管理・コントリビューターへの報酬の配分などが可能である。

　Aragonでは「5分でDAOを立ち上げられる」と謳っている。実際、暗号資産ウォレットをすでに作成済みのユーザーであれば、ホームページの指示に従ってウォレットを接続し、DAOの名前や議決権の割合、決議に必要な最低得票率、投票期間、トークンの名前と初期割り当てなどを入力していけ

ば、数分で完了する。ただし、できるのは「箱」を作るところまでであり、前述した通り、ミッションステートメントを考えたり、共通の目標を持つメンバーを集めたり、トークンの配分をどうするかといった中身までを考えてくれるわけではない点には注意が必要だ。

ユニークなのは、「Aragon Court」という裁判所機能である。これは、スマートコントラクトで解決できないDAO内の紛争の解決を目的とした機能である。「ANJ」というトークンの保有量が多いメンバーが陪審員に選ばれる確率が高くなり、選ばれると毎月の報酬に加え、紛争を無事解決した場合は報酬が付与されるようになっている。

すでにAragonを利用して立ち上げられたDAOは1700以上、9億ドル以上の資産が保管されている（2022年10月時点）。Aave、Curve FinanceといったDeFiの有名なプロジェクトのほか、ブロックチェーンを使って構築されているメタバース「Decentraland」など著名なプロジェクトのDAOで採用されている。

(2) Snapshot

SnapshotはDAOのメンバーが提案を作成し、オフチェーン[注1]での投票を可能とする分散型の投票ツールである。DAOにおける提案内容や投票結果に関連する作業工程を効率化する意思決定システムの中で現在最も人気がある。初期の投票ツールはオンチェーンで実行するものが主流であったが、イーサリアムのガス代（手数料）の高騰によりオフチェーンで行われることが多くなった。

DAOにおける意思決定は、そのDAOが独自に発行するガバナンストークンを一定量以上保有するメンバーに権利が与えられる。そのため、一般的な企業の取締役会のように限られた少数のメンバーによる意思決定とは異なり、世界各地に分散して存在する多数のメンバーが迅速に意思決定できるよ

(注1)「オンチェーン」では、取引のすべてがブロックチェーンにリアルタイムに記録されていくのに対し、「オフチェーン」では、取引の最初と最終的な取引の結果だけがメインチェーンに記録される。

**図表2-5　メタバースプロジェクト「Decentraland」に関する、
　　　　　メンバーからの提案に対する投票状況**

■地図上の場所（マレーシアの通信会社「Maxis」が実在する場所）をDecentraland内に
　追加するかどうかをDAOのメンバーによる投票によって決定しようとしている。

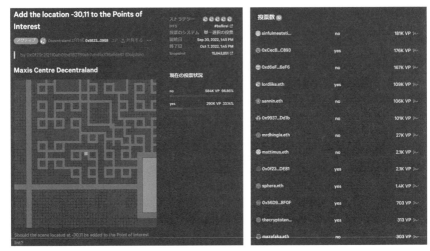

（出所）https://snapshot.org/#/snapshot.dcl.eth/proposal/0xffb33b79e867ca46079d0fbec78f99adce
　　　　17b58a049f7e99fc949892f86420e9

うに効率化され、かつ透明性のある仕組みが求められる。

　Snapshotでは、Snapshotを採用している各DAOで提案された内容とその投票結果が時系列にウェブ上に表示されるため、どのような提案がなされ、どのような投票結果になったのかをリアルタイムに把握できる。この結果の閲覧はDAOのメンバー限定ではなく、誰でも閲覧できるようになっており、非常に透明性の高い仕組みといえる。

　たとえば、前述したメタバースDecentralandはAragonでDAOを立ち上げ、提案と投票の管理にはSnapshotを使用している。Decentralandでは、メタバース内の仮想の土地区画をNFTとして購入できるようになっており、DAOのメンバー間では実世界のどの場所をメタバース内に加えるべきかといった提案がなされている（図表2-5）。

　この図表のケースでは、マレーシアの通信会社Maxisが実在する場所を

Decentraland内に加えたい、といった提案がなされている。提案理由は「Decentraland内の最初のマレーシア企業であり、加えれば企業からの関心が高まり、Decentralandの価値を向上させることにつながる」といったものである。Snapshotのサイト上では、「Yes」と「No」に誰が投票しているか、そのメンバーの保有するトークン量とともに表示されている。

　投票期間が終了し（この図表のケースでは2022年10月7日）、確定した結果はAragonに連携され、Aragonのイーサリアムネットワークに反映される。

(3) Coordinape

　Coordinapeは個々のメンバーのプロジェクトに対する貢献度合いを可視化し、報酬の配分を決定するツールである。

　Coordinapeでは、まず個々のメンバーが一緒に仕事をしたメンバーを選択する。各メンバーにはあらかじめ、「GIVE」と呼ばれるトークンが100個割り当てられており、その100個のトークンを貢献度合いに応じて、選択したメンバーに割り当てていく。全メンバーがこの作業を終えると、メンバー間の相関関係のほか、割り当てられたトークンの量が反映された、ある種のマップができ上がる。そして、この個々のメンバーに割り当てられたトークンの割合と、報酬として配分可能な予算額から、各メンバーへの割当額が決まるという仕組みである（図表2-6）。

　たとえば、15人で構成されるDAOで、配分可能な報酬予算がトータルで50,000USDC（USDCは米ドルに連動するステーブルコイン）の場合を考える。この際、Aさんに割り当てられたGIVEトークンが75とすると、全体のトークン量は$100 \times 15 = 1,500$なので、$75 \div 1,500 = 0.05$（5％）がAさんの取り分となり、$50,000 \times 0.05 = 2,500$USDCがAさんに対する報酬となる。

　Coordinapeは前述したMetaCartelやBanklessDAOなど多くのDAOで使用されている。

　さまざまなツールが生まれ、プロジェクトを効率的に運営できるようになる一方で、「プロジェクトに対する貢献度をどのように定量化し、どのよう

図表2-6　Coordinapeの仕組み

■DAOの各メンバーが一緒に仕事をしたメンバーを選択、自分の持ち分のトークンをメンバーの貢献度
に応じて配分すると、メンバー間の相関関係を表すマップと各メンバーに割り当てられるトークン量が
確定する。

（1）一緒に仕事をしたメンバーを選択

（2）選択したメンバーに配分するトークン量を決定

（3）メンバー間の相関マップが完成

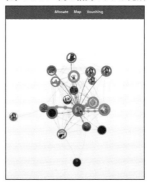

（出所）https://www.youtube.com/watch?v=j2ixf0lsuuo&t=31sをもとに作成

にインセンティブを配分するか」など、重要な点については、それぞれの
DAOが目標とするゴールによって変わってくるため、模範解答は存在しな
い。たとえば、ここで紹介したCoordinapeの仕組みが、自分たちのDAO
が考える貢献度の定量化手法のイメージと合致していればよいが、そうでな
い場合はまた別のツールを探す必要がある。そのため、まずは具体的なイメ
ージを固めた上で、それをサポートしてくれるツールを選定することが求め
られる。

DAOの課題（1）法的な位置づけ

　DAOが広がるにつれ、さまざまな課題も指摘されている。最も大きな課
題は法的な位置づけが不明確であることだ。DAO はどこかの場所に物理的
に存在するわけではなく、グローバルに分散してインターネット上に存在し
ている。また、企業のように運営されているわけではないが、有限責任会
社、非営利団体、協同組合など、さまざまな種類の法人の特性を有している
ため、既存の規制の枠組みに当てはめるのが難しい。そのため、日本はもち
ろん、海外でもDAOの法的な位置づけは定まっていないのが現状である。
しかし、Web3時代の新たな組織形態として注目を集める中で、課題解決に
向けた動きも少しずつ進んでいる。

　米国のワイオミング州では2021年7月からDAOの法人化を認める法律、
通称「DAO法」が施行され、同州のDAOは有限責任会社（LLC）として登
記できるようになった。この法律のもとでは、DAOのメンバーはDAOの債
務に関して有限責任[注2]となり、法人課税を選択しなければ、法人への課税
はスルーして利益を受けた出資者のメンバーのみが所得税を支払う「パスス
ルー課税」が適用される。

　ただし、同州でDAOを設立する場合、定款にはDAOであることを示す文
言のほか、DAOの管理、促進、運営に直接使用されるスマートコントラク

(注2)「有限責任」とは、出資者が出資した金額以上の責任を負わないこと。

トの識別子を含めなければならない。また、DAOの管理はアルゴリズムによって管理するケースとメンバーによって管理するケースの2通りが認められている。前者の場合は、スマートコントラクトによって完全にコントロールされる。後者の場合、意思決定はメンバーに委ねられ、ブロックチェーンベースの投票メカニズムによってメンバーの過半数の参加によって決定される。

　ワイオミング州法の下では、DAOのスマートコントラクトは定款やそのほかの法的文書と法的に同等であると認められている。

　ワイオミング州の例は参考にはなるものの、法律は国ごと、あるいは米国のように州ごとに異なる国もあり、当然ながらそのまま日本に適用できるわけではない。日本では現在のところ、DAOの法的根拠となる法令は存在しない。そのため、仮に日本国内でDAOを立ち上げる場合、どのような規制が適用されるかははっきりせず、弁護士、特に情報法に詳しい弁護士などの専門家に相談するのが賢明であろう。

　しかし、国内でもDAOに対する関心が高まっていることから、政府も検討を開始している。2022年6月7日に閣議決定された「デジタル社会の実現に向けた重点計画」の中で「デジタル化の基本戦略」の一つとして「Web3.0の推進」が挙げられ、その中に「スマートコントラクトとDAOの法的位置付けの整理」が掲げられている。具体的には、「国内外のDAOについて、社会貢献活動や地域コミュニティといった具体的なユースケースや法人格との関係について調査し、現行法での位置付けや利活用に当たっての課題を整理する」とされている。ただし、調査をして、課題を整理するところから始まるため、実際に法的な位置づけが明確になるまでにはしばらく時間を要すると考えられる。

DAOの課題（2）　非効率な意思決定メカニズム

　DAOでの意思決定は原則、ガバナンストークンを保有するメンバーによる投票によって行われる。究極の民主主義といえるかも知れないが、意思決

定のメカニズムとしては必ずしも効率的な方法とはいえない。

　従来の企業がDAOのように意思決定に全従業員を参加させない理由はシンプルである。それは誰もが意思決定を担えるほどの資質を備えているわけではないからで、ヒエラルキーの上位にいる優秀とされる人材に委ねられている。特に、難しい判断や決裁金額の大きいプロジェクトになればなるほど上位の役職者が意思決定を行う。「決裁金額が○○億円以上のプロジェクトは取締役会の決裁を必要とする」といったルールが制定されている企業も多い。

　一方、現状のDAOの多くは、「1トークンに対して1票の投票権を有する」といったやや大ざっぱなルールで運用されている。そのため、トークン保有者が数千人規模になる大規模なDAOでは、資金力がそのまま投票力に直結し、必ずしも適切な意思決定がなされるとは限らない。つまり、資金力さえあればトークンを大量に購入し、影響力をいくらでも高められるのである。実際、ブロックチェーンに関するデータを分析しているChainalysis社が2022年6月に発行したレポート『State of Web3 Report』によると、多くのDAOで「権力の集中」が起こっていることが明らかになっている。同社が主要な10のDAOのガバナンストークンの分布状況を調べたところ、複数のDAOで1％未満のメンバーが議決権の90％を握っていることが明らかになったのである（図表2-7）。

　権力の集中はDAOのガバナンスに大きな影響を与える。たとえば、ガバナンストークンの上位1％の保有者が結託するだけで、理論上はどんな決定に対しても残りの99％の保有者を上回る議決権を行使することができてしまうからである。資金力が投票力に直結するという仕組みは、「DAOに多くの資金を投入している人は、組織の利益のためにより誠実に行動する可能性が高い」という発想に基づいている。しかし、一部のメンバーに極端に権力が集中してしまっては、Web3が本来目指していた方向性とは異なってくる。

　こうした問題に対して、前述した助成金DAOのGitcoinは、同じ投票に追加投入するトークンが前のトークンよりも価値が下がる「Quadratic Fund-

図表2-7　主要なDAOにおけるガバナンストークンの分布状況

■主要な10のDAOのガバナンストークンの分布を分析したところ、複数のDAOで1%未満のユーザーが
議決権の90%を握っていることが明らかになった。

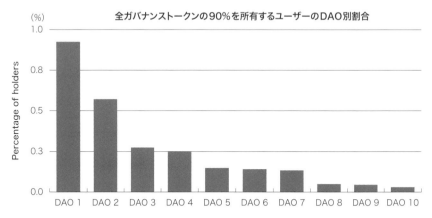

(出所) https://blog.chainalysis.com/reports/web3-daos-2022/

ing（2次ファンディング）」という方法によって解決を目指している。しか
し、2次ファンディングは1人、または少人数が協調することによって意思
決定がコントロールされてしまう可能性を低減させられるが、完全に排除す
ることはできない。

低投票率が引き起こす問題

　ガバナンストークンを大量に保有している、ごく一部のメンバーの意思に
よってあらゆる決定が左右されるとなると、ほかのメンバーの投票に参加す
るモチベーションが低下してしまうことが懸念される。

　実際、多くのDAOで投票率の低さが問題となっている。トークン保有者
の多くが投票を完全に棄権するか、一部の積極的なメンバーに投票権を委譲
してしまい、ガバナンスにほとんど関与しないことが指摘されている。たと
えば、ガバナンストークンの保有者が約32万人にのぼる世界最大のDAOで
あるUniswapでは、かつて98%が変更案に賛成したにもかかわらず、投票

率の低さゆえ、可決に必要な投票総数に約40万票不足し、変更案が不成立となってしまう事態が発生した。

　こうした問題に対しては、「楽観的投票（投票者の定足数が反対しない限り、提案がデフォルトで採用される）」やDAOの参加年数（ステーキング期間）によって多くの投票権を与える「加重投票システム」など、さまざまな方法が試行されている。

　DAOはメンバーがガバナンストークンを保有することによって、意思決定を分散的に行える点がメリットとされているが、現状では理想論に過ぎず、実態が伴っていないといえそうだ。

世界最大のDAO、Uniswapのガバナンス

　実際に影響力を発揮できるかどうかは別として、投票はトークンを保有していれば誰でもできる一方で、提案のハードルは非常に高いことも明らかになっている。先ほどのChainalysisの調査によると、メンバーが提案を行うためには、「発行済みトークンの0.1％から1％を所有している」「投票権を譲渡する場合は、1％から4％を所有している」ことが条件であることがわかった。調査対象となった10のDAOでは、この条件を満たすメンバーは千〜1万人に1人しかいない。

　では、全員が提案できるようにすればよいのか、というとそうではない。前述した通り、メンバー全員が意味のある提案をできるわけではないからである。質の低い提案が乱発され、そのたびに投票が必要になるとメンバーがそれに振り回され、ガバナンスが機能不全に陥る恐れがある。「ガバナンスの分散」と「提案品質の維持」のバランスをどうとっていくかは大きな課題であり、試行錯誤が続いている。

　たとえば、前述したUniswapでは試行錯誤の結果、現在では提案を提出するためには、1000以上のガバナンストークン（UNI）を保有し（委任でも可）、「温度チェック」と「コンセンサスチェック」という2つの事前投票をパスしなければならなくなっている（図表2-8）。

図表2-8　Uniswapのガバナンスプロセス

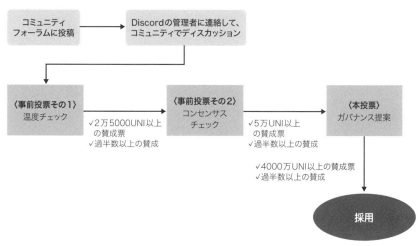

（出所）野村総合研究所

　温度チェックは、現状を変えたいと思うメンバーが十分に存在するかどう
かを事前に確認するもので、2万5000以上の賛成票の投票があり、かつ賛
成が過半数を超えるとパスできる。コンセンサスチェックは温度チェックを
パスした提案に対して行い、5万以上の賛成票の投票があり、かつ賛成が過
半数を超えるとパスできる。

　この2つの投票は前述したオフチェーンの投票ツールであるSnapshotを
使用して行われる。2つの事前チェックをパスすると、正式なガバナンス提
案として認められるが、提案するためにはこの時点で250万以上のガバナ
ンストークンを委任されている必要がある。この条件をパスしていれば、よ
うやくオンチェーンでの投票が実施される。投票期間は7日間で、4000万
以上の賛成票の投票があり、賛成が過半数を超えて可決されると2日間のロ
ック期間（待機期間）を経て、提案されたコードが実行される。

DAOの課題（3）DAOの持続可能性

　The DAOの事件が象徴するようにDeFiプロジェクトはハッキングの被害が絶えない。2021年12月には、DeFiプラットフォームを運営するBadgerDAOが1億3000万ドルの資金を盗まれるという事件があった。

　この事件では、BadgerDAOがアプリケーション基盤として活用しているCloudflare社の製品の欠陥を利用して、ハッカーがBadgerDAOのアプリケーションに悪質なコードを組み込んだのが原因である。そのため、多くのハッキング事件の要因となっているスマートコントラクトの脆弱性を突いたものではない。しかし、DAOの歴史の浅さ、未成熟さが招いた事件といえる。そのため、今後も同様の事件が起こらないとも限らない。

　DAOに対する信頼が揺らいだ場合、メンバーはそれまでと同様の活動を維持できるのだろうか。あるいは2022年がそうであったように、暗号資産の冬が続き、トークンの価格が下落し続けた場合はどうだろうか。DAOの資金が圧迫され、メンバーに配布されるトークンの価値も下がった場合、メンバーが離れていかない保証はない。DAOは簡単に参加できる反面、離脱も簡単である。そのため、DAOとしての活動がどの程度持続可能なのかは予測しにくい。

> **コラム**

暗号資産フレンドリーなワイオミング州

　前述した通り、米ワイオミング州はDAOを有限責任会社として認める法律を法制化した米国で初の州となった。しかし、「なぜワイオミング州なのか？」という素朴な疑問も湧いてくる。そもそもワイオミング州自体、日本人にはあまり馴染みがなく、場所を正確に答えられる人は少ないのではないだろうか。

　ワイオミング州は米国西部の山岳地域にある州で、ワイオミングとはイ

ンディアンの言葉で「大平原」を意味する。その名が示す通り、広大な平原とロッキー山脈が特徴で、かつてインディアン部族が住んでいたことから、「カウボーイ州」と呼ばれる西部の辺境州である。人口は米国の50州の中で最も少ない。

　「なぜワイオミング州なのか？」という疑問に対する回答のヒントは、デラウェア州にある。デラウェア州は米国で2番目に面積の小さい州であるが、Googleの親会社であるAlphabet、Apple、Amazon、Facebook、Teslaなど28万5000社以上ものグローバル企業が同州で会社を設立している。これは同州がかつて会社設立者に有利な会社法や法人税制度など、企業に対する優遇措置を導入したことに起因しており、実際に株式会社の設立が劇的に増加した。

　その結果、会社法に関係するような企業を巡る訴訟も増加し、判例が増えることで「デラウェア州裁判所であれば、どのような判決になるか予測しやすい」という意味で、訴訟大国である米国の企業にとっては好都合であった。登記のみの会社も含め、企業誘致を目指して州政府間で競争が繰り広げられる中で、デラウェア州は競争を勝ち抜き、見事に「会社法の州」となったのである。

　ワイオミング州は「会社法の州」としての地位を確立したデラウェア州に倣い、「DAO法の州」を目指していると思われる。実際、DAO法が成立する前には、デジタル資産のUCC（Uniform Commercial Code：米国統一商事法典）上の法的性格を規定する法律や、州独自のステーブルトークンの発行を検討する法律などが成立しており、「暗号資産にフレンドリーな州」と捉えられている。同州の知事は自ら暗号資産を保有していると明言し、暗号資産関連企業の誘致や州内の雇用創出を目指している。

第3章

Web3の代表的な
ユースケース
―― DeFi（分散型金融）

　DeFiはDecentralized Financeの略称であり、日本語では分散型金融と訳される。DAppsの主要なカテゴリの一つで、既存の金融サービスと異なり、銀行などの中央集権的な組織を介さず、ブロックチェーン上で動作するスマートコントラクトによって実現されるさまざまな金融サービスを指す。2020年の夏、DeFiのユーザーが急激に増え、多大な資金が流入した。この現象は「DeFiサマー」と呼ばれ、この流行をきっかけにDeFiを利用し始めたユーザーも多く、暗号資産、ブロックチェーン界隈の話題をさらった。

　暗号資産、ブロックチェーン業界の歴史を振り返ると、2009年のビットコインの誕生に始まり、2013年のイーサリアムの登場、2017年のICO（Initial Coin Offering：暗号資産の新規発行による資金調達）ブームを経て、この2020年のDeFiブームは4番目の大きな波に位置づけられる。そしてNFT（非代替性トークン）ブームに湧いた2021年に続くのが、これらを包含するWeb3ブームである（図表3-1）。

　DeFiは仲介者が存在しないため、従来の金融サービスと比較して手数料が安く、さらに利用時の本人確認などの審査がなく、誰でも利用できることから公平性が高いとされる。

　銀行や証券会社が提供する金融サービスや現行の金融システムに大きな影響を及ぼす可能性があるため、既存の金融機関のほか、各国の関係当局や中央銀行などもその動向に大きな関心を寄せている。

図表3-1　Web3ブームに至るまでの暗号資産業界の主要なトピックの変遷

ビットコイン登場	イーサリアム登場	ICOブーム	DeFiブーム	NFTブーム
2009年～ 第1の波	2013年～ 第2の波	2017年～ 第3の波	2020年～ 第4の波	2021年～ 第5の波

（出所）野村総合研究所

TradFiとDeFiの違い

　従来の金融サービス（「TradFi」と呼ばれる）とDeFiの違いを図表3-2に示す。一番の違いは銀行のような中央集権的な組織や仲介者の有無である。仲介者が存在するTradFiでは取引の実行や資産の保管は仲介者が行うが、DeFiでは運用主体が存在せず、取引はスマートコントラクトによって自動的に行われ、資産の保管はウォレットを用いてユーザー自身で行う。そのため、金融機関の窓口の営業時間に左右されることなく、24時間365日いつでも取引できる。

　この「仲介者が存在しない」という特徴は金利や手数料にも影響してくる。TradFiで必要だった人件費やシステムの運用費などが削減され、効率的な運営と高い収益性を実現できるため、銀行の預金金利を上回る高金利と安価な手数料を実現できる。

　また、KYC（Know Your Customer：本人確認）の有無も大きな違いである。TradFiでは氏名、住所に加え、お金を借りる場合は年収や資産証明なども必要になるが、DeFiでは一切不要であり、インターネットに接続さえできれば国籍、年齢、資産などに関係なく誰でも利用できる。その気になれば、ほんの数分でお金を借りることもできるだろう。ただしその分、借りる金額以上の暗号資産による担保が必要になる。これはTradFiと異なり、お金を借りる際に一切審査を行わないことと、そもそも担保とする暗号資産のボラティリティ（価格変動幅）が大きいことが要因である。

　透明性の高さもDeFiの特徴である。DeFiプラットフォームのソースコードが公開されているだけでなく、キャッシュフローなども含めていつでも監査可能である。匿名ではあるもののユーザーのウォレットの残高や取引履歴はすべてブロックチェーン上に記録されているため、特定の取引を追跡することもできる。

　システム的な面ではほかのサービスとの連携の容易さが挙げられる。第1章で説明したように、DeFiはマネーレゴとも呼ばれ、ほかのサービスと自

図表3-2　従来の金融サービス（TradFi）とDeFiの違い

項目	TradFi	DeFi
仲介者の存在	あり	なし
取引の実行	仲介者の認可のもと、仲介者が取引を実行	パーミッションレスでスマートコントラクトが自動執行
資金管理	サービスがユーザーの資金を管理	ユーザー自らウォレットなどで資金を管理
取引時間	金融機関の営業時間に左右される	24時間取引可能
KYC（本人確認）	厳格な本人確認を実施	不要
取引時の担保要件	必要ない、もしくは貸し出される資金と同額以下	過剰担保（通常、貸し出される資金以上）
透明性	基本的に非公開	DeFiプラットフォームのソースコードはオープンソース化。ユーザーの残高や取引履歴はすべて公開。
他のサービスとの連携	限定的（APIが公開されていれば可能）	自由（他のサービスと自由に組み合わせることが可能）
セキュリティ	高度なセキュリティ対策を実施	ハッキングなどによる資金流出が定期的に発生
消費者保護の枠組み	あり	なし

（出所）野村総合研究所

　由に組み合わせて新たなサービスを構築できる。TradFiで他サービスと連携できるのは、基本的に該当サービスのAPIが公開されている場合に限られ、連携によって実現できることも限定的である。

　一方、DeFiの課題はセキュリティ面である。スマートコントラクトのプログラムの脆弱性を突いたハッキングなどによって資金が流出してしまうといった事件が定期的に発生しており（詳細は後述）、既存の金融システムよりも安全であるとはいいがたい。

　また、TradFiでは消費者や投資家保護の枠組みが整備されているが、DeFiの場合、そうした枠組みは一切ない。何らかのインシデントが発生して、投資家が資産を失うようなことがあっても泣き寝入りするしかない。ユーザーとしては、こうした万が一の事態を想定しておく必要がある。DeFiには明確な規制がなく、ユーザーもKYCや審査がなく気軽に利用できるも

のの、こうしたリスクと表裏一体であることは理解しておかなければならない。

　なお、DeFiの対義語として「CeFi（Centralized Finance）」がある。日本語では中央集権型金融と訳され、仲介役となる金融機関を介し、暗号資産を交換したり、暗号資産を預け入れて金利を獲得したりできる。CeFiにはbitFlyerやCoincheckなどの中央集権型の暗号資産取引所（CEX：Centralized Exchange）が含まれる。2022年11月に破綻したFTXトレーディングもCeFiであり、CEXである。CeFiは暗号資産を取り扱うという点でTradFiとの違いがあるが、それ以外は従来の金融機関とよく似ている。

DeFiアプリケーション

　DeFiは取引所やレンディングを中心に、銀行や証券会社などの伝統的金融機関が通常提供するほとんどの金融商品・サービスを実現可能である（図表3-3）。代表的なサービスとともに説明していこう。

（1）DEX（分散型取引所）

　DEXはDecentralized Exchangeの略称であり、日本語では分散型取引所と訳される。DEXを使えばユーザーは中央集権的な機関を介さずに、ある暗号資産を別の暗号資産と交換できる。多くのDEXでは、取引所が仲介に入って売りたい価格と買いたい価格が一致する売り手と買い手をマッチングさせる従来の「オーダーブック形式」（図表3-4）ではなく、自動化されたアルゴリズムを使って取引に必要な為替レートとガス代を決定している。ユーザーは自分のお金を取引所に入金する必要はなく、代わりに自身のウォレットを接続する。そして、ウォレットから直接取引し、ユーザー自身で資産を管理する。この点がCEXとの大きな違いである。

　外部からのハッキング攻撃によって、国内の大手暗号資産取引所の

図表3-3　主なDeFiのカテゴリ

	カテゴリ	概要	主なプロジェクト
1	DEX（分散型取引所）	中央集権的な機関を介さずに、ある暗号資産を別の暗号資産と交換できる暗号資産の取引所	Uniswap、Curve Finance、Balancer、SushiSwap、DODOなど
2	レンディング（貸付）	資金の貸付・借入をスマートコントラクトによって銀行抜きで実現するサービスで、借り手と貸し手が直接取引する	Compound、Aave、Eulerなど
3	ステーブルコイン	価格の安定を目指し、ドルやユーロなどの法定通貨に価格を固定することによって、ボラティリティ（価格変動幅）を排除した暗号資産	Tether、USDコイン、BinanceUSD、Daiなど
4	デリバティブ	暗号資産を原資産とする「先物」「先渡」「オプション」「無期限」などのデリバティブ取引	dYdX、Synthetix、UMA、Hegic、Perpetual Protocolなど
5	リキッド・ステーキング	本来であればロックされている原資産トークンのステーキング報酬を得ながらDEXなどで自由に運用できるようにしたサービス	Lido、Rocket Pool、Ankrなど
6	イールド	暗号資産をUniswapやCurve Financeなどの分散型取引所のプールに預けることで発生する利回りを管理・最適化するサービス	Convex Finance、Arrakis Finance、Aura Finance、Yearn Financeなど
7	保険	DeFiがハッキングなどに遭い、資金が流出し、ユーザーが被害を被った際に補償を受けられるサービス	InsureDAO、Nexus Mutual、Unslashed Financeなど

（出所）野村総合研究所

図表3-4　従来のオーダーブック形式のイメージ

（出所）野村総合研究所

Coincheckから580億円相当の暗号資産が流出したことは記憶に新しい。ユーザーの資金を預かるCEXはこうしたハッキングのリスクがあるため、DEXではユーザーの資金を預かることはない。現在、日本国内に存在する

ほとんどの暗号資産取引所は金融庁の認可を受け、特定の企業が運営している CEX である。

　DEX は DeFi のアプリケーションの中で最大の TVL（預かり資産総額）を占める主要なカテゴリとなっている。TVL は Total Value Locked の略で、ある DeFi プロトコルに預けられている暗号資産の総額を指し、DeFi への関心度や健康度を測る重要な指標である。

　代表的な DEX は Uniswap で、本稿執筆時では DEX の総取引高の約52％を占めている。そのアーキテクチャ設計の美しさから、DeFi を象徴するプロジェクトの一つと呼ばれている。

Uniswap の仕組み

　Uniswap は2018年11月に最初のバージョン（v1）がリリースされた。2020年5月に v2 がローンチされ、2021年5月にリリースされた「Uniswap v3」が現時点での最新版となっている。ここでは、基本的な仕組みの理解のため、最初にリリースされた v1 をベースに Uniswap の仕組みを説明する。

　Uniswap の革新性は「流動性プール」と「AMM（Automated Market Maker）」という2点にあるといってよいが、そもそも、流動性（Liquidity）という言葉自体、金融業界以外の方にはあまり馴染みがないかも知れない。金融市場における流動性とは一般的に資産の現金化の容易さを指し、暗号資産の文脈では暗号資産の現金化やほかの暗号資産への交換の容易さを表す。流動性に影響を与える主な要因は取引頻度と取引量であり、頻度も取引量も少ない場合、大きな取引があると急激な価格変動が起こり、価格が安定せず適正な価格での取引が難しくなる。たとえば、ビットコインはほかの暗号資産よりも相対的に流動性が高く、安定して日本円に換えることができる一方で、国内の暗号資産取引所で扱っていないようなニッチな暗号資産は日本円に換えることが難しく、流動性が低いといえる。

　流動性プールは DEX に預けられた暗号資産トークンの集まりを意味し、取引を容易にするために使用される。DEX では、流動性を高めるために流

動性プールにトークンを預けるユーザーを「LP（Liquidity Provider：流動性プロバイダ）」と呼ぶ。

　LPはあらかじめ2つのトークンのペアを価値が1：1の比率になるように組み合わせて流動性プールに預ける。多くのユーザーがトークンを預ければ、流動性プール内のストックが増え、流動性が高まり取引は活発化する。こうして流動性プール内に十分なトークンが集まれば、オーダーブック方式と異なり、ユーザーが流動性プールに対して直接取引ができるようになる。ユーザーは流動性プールに自分が売りたいトークンを入れ、そこから自分が必要とするトークンを取っていくといったイメージである。

AMMとは何か

　こうした取引を可能にするのが、もう一つの特徴であるAMMである。AMMは日本語では「自動マーケットメイカー」と訳される。一定のルールに従い、自動でマーケットメイクを可能にするシステムを指す。中央集権的なマーケットメイカーを介さずに、スマートコントラクトを活用してすべての取引が自動的に成立するという画期的な仕組みである。取引価格はスマートコントラクトとして、予めプログラミングされたアルゴリズムに従って決定される（図表3-5）。

　この価格決定アルゴリズムには特定の数式が用いられ、たとえばUniswapの場合、x×y＝kという2次曲線で表される数式が使用されている。もう少し具体的に説明しよう。Uniswapの全流動性プールには、2種類の異なるトークン（例：ETHとDAI）がペアになって預けられており、この時、x、yおよびkが指すのは、それぞれ次の通りである。

　x：流動性プールの中にある2種のトークンのうち、片方のトークンの数
　　　（ETHの数）
　y：流動性プールの中にあるもう一つのトークンの数（DAIの数）
　k：xとyを掛けた数で常に一定となる（定数）
　kは定数のため、ETHの総数とDAIの総数を掛け合わせた積は、常に一定

図表3-5　UniswapのAMMのイメージ

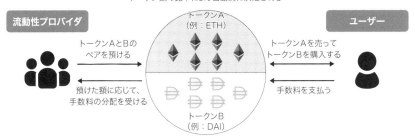

（出所）野村総合研究所

　であるということを意味する。

　たとえば、定数kが50,000だとする。交換レートが1ETH＝500DAIの時に、ユーザーが流動性プロバイダになるために10ETHを預けようとすると、同時に5,000DAIを預ける必要がある〔50,000(k)÷10(x)＝5,000(y)〕。

　一方、この状態（10ETHと5,000DAIがプール内に存在する状態）の時に、あるユーザーが10ETHをDAIに交換しようとすると、プール内のETH(x)の総数は20ETHに増え、DAIの総数は50,000(k)÷20(x)＝2,500(y)にまで減少する[注1]。この結果、新たなレートは20ETHあたり2,500DAI、つまり1ETHあたり125DAIとなり、ETHの売り手から見れば、1ETHあたり500DAIで交換可能だった最初の状態よりレートが悪くなる。

　このようにAMMを採用しているDEXでは、プール内のトークン数の比率によりレートが自動的に決定され、なおかつ、取引が行われる（xとyの値が変わる）たびにレートが変動することになる。ここではわかりやすくするために極端な値で説明したが、実際にはこれほど大きく変動することはま

（注1）ここでは単純化するために、ユーザーが支払う手数料0.3％は考慮していない。実際には、ユーザーが10ETHを流動性プールへ送る際に、手数料分の0.003ETHが差し引かれる。

ずない。

　レートがどれだけ変動するかは、プールのサイズと取引のサイズに依存する。取引量に対してプールが大きいほどレートへの影響が小さくなる。反対に取引量に対してプールが小さいとレートへの影響が大きくなる。このため、プールのサイズが大きいDEXほど安定した取引を行えることになる。

　AMMは大多数のDEXで導入されているが、すべてのDEXが導入しているわけではなく、オーダーブック形式を採用しているDEXもある。この場合、売り手がスマートコントラクトを介してオーダーブックに売り注文を出し、その注文を確認した買い手が買い注文を出す。そして、売買注文がマッチングしたらブロックチェーン上に決済を記録して取引は完了する。

　また、AMMで用いられるアルゴリズムもUniswapが採用しているx×y＝k以外にもさまざまなバリエーションが存在する。たとえば、ステーブルコインの取引に特化したDEXであるCurve Financeは、x×y＝k型とx＋y＝k型を組み合わせた数式「(x×y)＋(x＋y)＝k」を採用している。1つの流動性プールで最大 8つのトークンを扱えるDEX「Balancer」では、また別の数式を利用している。数学の知識が必要になるため、ここでは深入りしないが、興味がある読者の方は各DEXのウェブサイトに掲載されているホワイトペーパーなどを確認するとよい。

流動性プロバイダに対するインセンティブ

　前述した通り、DEXが成功するためには流動性を高めることが重要な条件となってくる。流動性を高めるために自分の資産であるトークンを預ける流動性プロバイダには誰でもなれるが、ボランティアで行うわけではなく、それに見合うインセンティブが設定されている。具体的には取引に伴う手数料とガバナンストークンを受け取れるようになっている。

　Uniswapのケースでは、ユーザーは取引ごとに0.3％の手数料を支払っており、支払われた手数料は流動性プロバイダが預けている資産の額に応じて、流動性プロバイダ間で山分けされる。

　たとえば、サイズ1億円のプールに1000万円を提供した流動性プロバイダの場合、このDEXで10億円相当の取引が発生したとすると、「1000万÷1億×0.3%×10億＝30万円」を手数料報酬として受け取れる。

　同時に、「UNI」というガバナンストークンも報酬として付与され、サービスの重要な方針変更などの投票に参加できる権利を持てるようになる。このように流動性を提供することによって、さまざまな報酬を受け取ろうとする試みは、総称して「流動性マイニング」と呼ばれる。Uniswapのケースでは、流動性プールにペアで預ける暗号資産の人気が高いほど取引量が多くなるため、手数料報酬も増える。このため、利回りを考えるなら市場でニーズのある暗号資産の流動性プールを作成すればよいことになる。

流動性提供のリスク

　流動性を提供することによってインセンティブが得られる一方で、当然ながらリスクも付きまとう。DEXに特有のリスクとして「（価格）変動損失」がある。これは、流動性プールに預けたトークンの市場価格が変動することによって発生する損失で、流動性を提供せずにそのままトークンを保有していた場合の総額と比較した損失を意味する。

　詳細な説明は省略するが、たとえばユーザーがETHとDAIをプールに預けている間に、DEXの外でETHの市場価格が大幅に上昇したとする。しかし、AMMを導入しているDEXでは、DEX外の市場価格とは関係なく、あくまでDEX内で取引が行われた場合のみ、決められたアルゴリズムに従ってレートが決定される。そのため、当該のDEXと外部の市場価格との間に乖離が生まれる[注2]。アービトラージなどによる取引が行われると、プール内のETHがDAIで購入され、その結果、ETHが減少し、DAIが増加するというようにプール内の構成比が大きく変化する。

　これによって、ETHとDAIを預けたユーザーがあとで預け入れた資産を

返してもらう時の額も変化する。これは受け取る手数料同様に、返してもらう際のトークン数はプール全体のトークン数に対する保有量の割合で決まるからである。たとえば、最初にサイズ1億円のプールに1000万円を提供した場合の割合は10%のため、返してもらう際も10%になる。しかし、プール内の構成比と市場価格の変動によって結果的に総資産額が少なくなってしまい、「流動性を提供せずにおいた方が良かった」ということが起こり得るということである。

`コラム`

Uniswapをミームして作られたSushiSwap

　第1章で説明したようにオープンソースが基本のDeFiでは、プロダクトのソースコードが公開されているため、誰でもそのコードをコピーすれば、同じプロダクトを作成できる。

　2020年8月に開始されたDEXプロジェクト「SushiSwap」は、実際にこの仕組みを利用し、Uniswapを真似（ミーム）して作られた。ミームとは、ギリシャ語を語源とするmimeme（真似されているもの）を意味し、実際、SushiSwapを構成しているプログラミングコードの多くがUniswapと同じものとなっている。当初はその誕生経緯からサブカルチャー的な「ネタ」プロジェクトとして扱われることもあり、あまり期待されていなかったが、Uniswapに「ヴァンパイア攻撃（Vampire Attack）」を仕掛けたことがきっかけになり注目を集めるようになった。

　ヴァンパイア攻撃とは、あるオープンソース・プロジェクトを丸ごとコピーした上で、何かしらのインセンティブを提供することによって、コピー元プロジェクトのユーザーや流動性などを奪い取ろうとする攻撃である。

　SushiSwapがUniswapのユーザーに提示したインセンティブは、「SUSHI」というガバナンストークンの提供であった。当時Uniswapにはガバナンストークンの仕組みが存在しなかったため、Uniswapユーザー

図表3-6　UniswapとSushiSwapのTVLの推移（2020年9月5日〜20日）

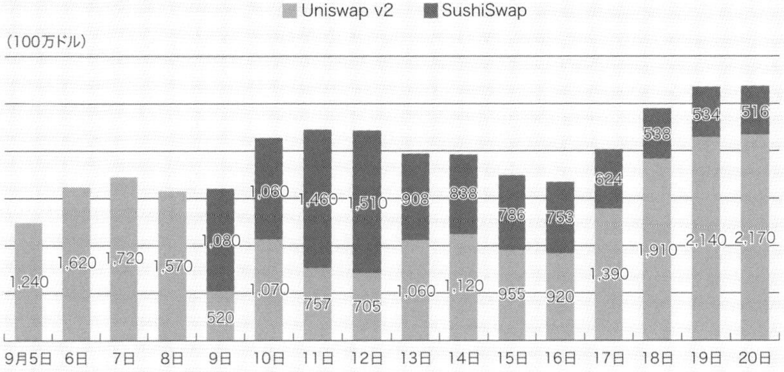

（出所）DefiLlamaのデータをもとに作成

には魅力的に映り、この攻撃は成功を収めた。具体的には2020年9月7日には17億2000万ドルだったUniswapのTVLが9月9日には5億2000万ドルに急減し、反対にSushiSwapのTVLは9月9日に10億8000万ドル、9月12日には15億1000万ドルにまで急増したのである。

　ただし、Uniswapは9月17日にガバナンストークン「UNI」を発行することですぐさま対抗し、9月20日にはTVLが21億7000万ドルにまで達し、優位性を取り戻した（図表3-6）。

　SushiSwapによるヴァンパイア攻撃は多くの議論を呼んだ。オープンソースとしてコードが公開されているとはいえ、本家のプロジェクトが苦労して築き上げた流動性やユーザーをインセンティブの提供によって奪い取っていくのは倫理的にいかがなものかというものである。一方で、結果的にUniswapもガバナンストークンを発行したこともあり、競争が生まれたことによってプロジェクトがより良い方向に進んだと見る人もいる。

　DeFiに関する情報サイト「DefiLlama」によると、本稿執筆時点のDEXのTVLランキングでUniswapは1位、SushiSwapは5位となっており、その後のアップデートの効果などもあり、いずれも順調に運営されている。

　なお、2021年5月にリリースされたUniswapの最新バージョンである
Uniswap v3では「Business Source License 1.1」というオープンソー
スではないライセンスが付与されている。これはSushiSwapのケースを
踏まえての防衛策だと見られているが、完全な商用ライセンスにするわけ
ではない。リリースから約2年後（2023年4月1日）にオープンソース
ライセンスへと変更される予定となっており、期間限定で商用利用を制限
するというものだ。完全に商用ライセンスにしてしまうと、Web3のカル
チャーに反してしまうため、このような折衷案とも言えるライセンスの採
用になったと思われるが、Uniswap運営チームの苦悩が見て取れる。

　ヴァンパイア攻撃はその後も定期的に発生しており、Curve Finance に
対するSwerve Finance、Yearn Financeに対するDFI Money、Balanc-
erに対するCREAM Finance、最近ではNFTマーケットプレイスの
OpenSeaに対するLooksRareなどがある。いずれの場合も、一時的にシ
ェアを奪われても、その後はコピーされた元のプロトコルが優位性を取り
戻している点は特筆すべき点であろう。結局のところ、金銭的なインセン
ティブは一時的には有効であるものの、長きにわたって培われてきたコミ
ュニティや信頼に勝るものはないということかも知れない。

（2）レンディング（貸付）サービス

　DeFiのレンディングサービスは、これまで主に銀行が仲介して行ってき
た資金の貸付・借入をスマートコントラクトによって銀行抜きで実現するも
ので、借り手と貸し手が直接取引する。銀行の場合、預金者が預けた資金を
銀行が企業に貸し付け、企業から利子を受け取る。預金者は利子を受け取る
ものの、企業が支払った利子そのものではなく、その差額は銀行の人件費や
経費などに充てられる。日本では依然として超低金利が続いており、本稿執
筆時点でのメガバンクの定期預金金利は0.002％でしかない。この金利は

100万円を1カ月預けても、1000万円を10年間預けても変わらない。一方、DeFiのレンディングサービスでは仲介者となる銀行が存在しないため、利子で銀行の経費をまかなう必要がなく、一般に既存の銀行を上回る金利を提供している。

　また、DeFiのレンディングサービスでは、本人確認なしに誰でも暗号資産を借りたり、暗号資産を貸して利子を受け取ったりすることができる。しかし、利用者を選ばないということは貸し倒れのリスクが大きくなることと表裏一体である。銀行の融資の場合、申し込みの際に厳格な審査を行うことで、こうしたリスクを下げている。では、銀行のように融資担当者が存在しないDeFiのレンディングサービスではどうしているのだろうか。

　実は多くのDeFiレンディングサービスでは、資金を借り入れる際に、借り入れる金額以上の資金を担保として預け入れる仕組みとなっている。仮に借り手が資金を返済できなくなった場合は、担保として預かった資金を強制的に没収することで貸し倒れリスクを回避するのである。

　借り入れる金額以上の資金を担保として預け入れることを「過剰担保」と呼ぶ。一見するとおかしく感じられるが、過剰担保の理由は申し込み時に審査がないことに加えて、暗号資産のボラティリティの大きさが関係している。担保として預け入れるのは価値の安定した法定通貨ではなく暗号資産であるため、急激な価格低下があった場合、担保として意味をなさなくなる可能性がある。そのため、借り入れる金額以上の資金を担保とすることでリスクを低減しているのである。

　レンディングサービスはDeFiの中でDEXに次いでTVLが大きいカテゴリである。代表的なサービスとしてCompoundやAaveがある。

DeFiブームの火付け役となったCompound

　2000年のDeFiサマーと呼ばれるDeFiブームを主導したと言われているのがCompoundである。

　ユーザーは、Compoundに暗号資産を貸し出して利息を得たり、暗号資

産を担保にほかの暗号資産を借りたりできる。貸出期間や返済期間はなく、貸したり借りたりした資産はその時点での金利とともに、いつでも引き出したり返済したりできる。

　預けられた資産の保管や管理はスマートコントラクトによって自動化されている。DEX同様に流動性プールが導入されているため、貸し手から供給された資産はプールにまとめて預けられ、借り手はプールから必要とする暗号資産を借りていく仕組みである。Compound以前のレンディングサービスでは、借り手や貸し手は取引相手を直接探す必要があったが、Compoundはこの課題を流動性プールを作ることで解決している。

　貸し手はCompoundに資金を預け入れると、「cToken」と呼ばれる債権トークンを受け取る。cTokenは元本と金利を表し、金利に比例して値上がりする。引き出す際は、cTokenと引き換えに元本と金利を引き出せるようになっている。このcTokenは ERC-20標準に準拠したトークンであるため、他人に譲渡したり、安全な場所で管理しながら金利を受け取ったりすることが可能になっている。

　借入金利と貸出金利は、アルゴリズムによって定義されており、リアルタイムの市場力学、つまり需要と供給に基づいて動的に決まる。当然ながら、供給が増えれば金利は低下し、需要が増えれば高くなる。需給によって金利

図表3−7　Compoundの仕組み

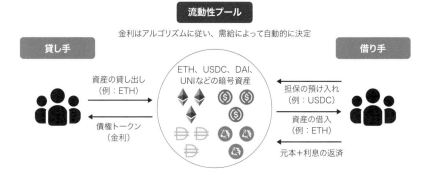

（出所）野村総合研究所

は絶えず変化し続ける（図表3-7）。

貸し手が受け取る金利の仕組み

　ユーザーが資金を預け入れた際に受け取るcToken（ETHを入金すると「cETH」、DAIを入金すると「cDAI」となる）は、個別の暗号資産の為替レートに依存する。ここでの為替レートとは、ETHの場合であればETHとcETHの為替レートを意味し、最初の為替レート（ここでは1つのcETHの価値）は0.02に設定される。

　たとえば、ETH市場に1ETHを年利1％で預け入れた場合、最初の為替レートである0.02で即座に50cETHを受け取る（1÷0.02＝50）。そして、15秒ごとに年利1％の割合で利息を獲得し始める（イーサリアムブロックチェーンの確定時間が約15秒の場合）。ただし、この金利は前述したように需要と供給によって刻々と変化する。

　そして1年後にCompoundからETHを引き出す場合、プールに供給した1ETHとそれに応じた利息を受け取ることができる。利息は為替レートに反映されるようになっているため、最初に受け取った50cETHをETHに換金すればよい。

　たとえば、仮に1年後の為替レートが0.0204になったとすると、50cETHは50×0.0204＝1.02ETHになり、貸し手は1.02ETHを受け取れる。この時の利息は1.02ETH－1ETH＝0.02ETH　で、年換算利回りは2％ということになる。

借り手の担保の仕組み

　前述した通り、Compoundに代表されるDeFiレンディングサービスでは、暗号資産を借り入れる際に、借り入れる金額以上の別の暗号資産を担保として預け入れなければならない。提供された担保資産は利子を獲得するが、借入に対する担保として使用されている間、資産を償還したり譲渡した

りすることはできない。具体的にどの程度の資金が担保として必要になるのかは担保とする暗号資産ごとに決められており、担保率（Collateral Factor）と呼ばれる。

この担保率は0～90％の範囲で設定可能で、ETHは82％、USDCは85％、USDTは0％、DAIは83％といったように定められている。一般に、大規模または流動性の高い暗号資産には高い担保率が設定されており、小規模または流動性の低い資産には低い担保率が設定されている。

ユーザーが借りることのできる最大額は提供した資産の担保率によって決まる。たとえば、担保として100ETHを預け入れた場合、担保率は82％のため、最大82ETH相当の別の暗号資産を借りることができる。担保率が0％の場合、借りることはできるが、担保として使用することはできない。

借りた資産は、貸した資産が約15秒ごとに利息を獲得するのと同じように、利息が増加していく。借り手が支払う利息のほとんどはプールに戻されるが、支払われた利息の一部は準備金（Reserve Factor）として確保される。割合は暗号資産ごとに決められており、ETHは20％、USDCは7％、USDTは7％、DAIは15％となっている。この準備金は大きなデフォルトやバグの発覚などのマイナスのイベントが発生した際、ある種の保険として機能する。

借りている暗号資産、または担保として預けている暗号資産の価格が変動して、規定の担保率を下回った場合、預けた担保資産は自動的に清算、簡単にいえば没収される。これは担保資産の価格が下落した場合と、借りている暗号資産の価格が上昇した場合の両方で起きる可能性がある。担保が没収されることを防ぐには、余裕を持って借り入れ、担保率を下回りそうな場合は担保資産を増加させて運用する必要がある。たとえば、価格変動が30％程度と考えるなら、仮に30％ほど価格が下落しても清算されない範囲で担保を増やしておけばよい。

なぜCompoundから高い金利を払って借りるのか

　貸し手が金利目当てで資産を貸し出すのは理解しやすいが、借り手はなぜ高い金利を払ってまで借りるのだろうか（たとえば、本稿執筆時のETHの貸出金利は0.08％、借入金利は2.85％）。

　その多くは投機目的である。借り手はイーサリアムなどの資産を「空売り（ショート）」するか、もしくはその資産にレバレッジをかけて「ロング」するためにプールから資産を借り入れる。空売りとは、自分が保有していない暗号資産を暗号資産取引所などから借りて売却し、一定期間後に買い戻す取引である。いわば「先に売ってあとで買い戻す」取引のことで、保有していない資産を「売る」ことから空売りと呼ばれる。空売りの利益は、売り注文と買い注文の差額によって生み出される。たとえば、1ETH＝30万円の時に売り注文を出し、1ETH＝25万円の時に買い注文を出せば、差額の5万円が利益となる。

　一方のロングは買った価格より高くなったら売ることで利益を出す取引である。たとえば、ETHを担保にUSDTを借りて、そのUSDTでさらにETHを購入する。ETHの価格が上昇し、得られた利益が借入のために支払った金利を上回れば、利益が得られる。これは土地を担保に現金を借りて投資する会社とイメージが近いかも知れない。もちろん、これにはリスクがある。ETHの価格が下落すれば、借りた金額に利息を付けて返済しなければならず、担保として差し出したETHも没収される可能性がある。

　Compoundを使ったこうした投機は、かなり回りくどい方法であるが、「中央集権的な取引所におけるKYCを回避したい」「資産の売却によって生じる税金を節約したい」「大量の売却による保有資産の価格下落やガバナンストークンの権利の喪失を回避したい」といった理由から、大規模資産の保有者にとって魅力的なオプションとなっている。

「COMP」が火を付けたトークン発行バブル

　Compoundが開始されたのは2018年9月である。当初は運営チームがガバナンスを担っていたが、2020年4月に運営チームからコミュニティへガバナンスを移行すると発表した。そして2020年6月から、取引に参加している貸し手、借り手双方を対象に、支払った金利に応じて「COMP」と呼ばれるガバナンストークンの配布を開始した。

　COMPの保有者は、Compoundの運営に参加することが可能で、担保率や準備金などの数値や、準備金の使途などについて議論したり投票したりする権利が与えられる。また、COMPは大手暗号資産取引所の米コインベースやバイナンスなどに上場しているため、売却して利益を得たり、あるいはUniswapの流動性プールに預けて運用したりすることもできる。

　当初、COMPは価格が付かないと思われていたが、予想に反して価格は高騰し、COMPを保有していた運営チームは大金を手にすることになった。そして、これが火付け役となり、「トークン発行バブル」がスタートした。先に紹介したUniswapやCurve Financeなどのプロジェクトも、Compoundに倣ってトークンを発行し、前述したDeFiサマーへとつながっていくことになったのである。今でこそ、ガバナンストークンを発行するプロジェクトは珍しくないが、Compoundがその道筋を開いたという点で画期的であった。

（3）ステーブルコインの発行

　ビットコインをはじめとする暗号資産はボラティリティが大きいため、投機や投資の対象になってはいるものの、一部を除いては日々の決済手段として広く利用されるには至っていない。

　たとえば、決済手段としてビットコインを使えるようにした飲食店がある

としよう。仮にこの飲食店が代金として200ドル相当のビットコインを受け取っても、翌日には価格が暴落し、150ドル相当の価値しか持たなくなる可能性がある。このようなことが頻繁に起こると、店側は収支計画を立てるのが困難になってしまうからである。

こうした高いボラティリティを回避するために開発されたのが、「ステーブルコイン」である。ステーブルは日本語で「安定した」を意味し、ステーブルコインは文字通り価格の安定を目指し、米ドルなどの法定通貨に価格を「ペッグ（連動）」することなどによって、ボラティリティを排除した暗号資産である。つまり、ステーブルコインは常に「1ステーブルコイン≒1USD」となるように設計されているのである。たとえば、銀行の金利が0.002％、DeFiの金利が1％の場合、単純に考えればDeFiに預けたほうが得である。しかし、暗号資産の価格そのものが下落してしまえば、この金利差が吸収されてしまう。そこで価値が安定しているステーブルコインの出番となる。

ステーブルコインが生まれる前まで、暗号資産の投資家やトレーダーは、利益を確定するためには暗号資産を法定通貨に交換するしかなかった。しかし、ステーブルコインの誕生によって、法定通貨に交換せずに暗号資産を保有したまま利益を確定させることができるようになったのである。

ステーブルコインには、大きく分けて「法定通貨担保型」「暗号資産担保型」「無担保型（アルゴリズム型）」の3つのタイプが存在する。違いは、どのような仕組みでステーブルコインの価格を安定させているかである。

法定通貨担保型

法定通貨担保型は、文字通り、米ドルやユーロなどの法定通貨を担保にして発行されるステーブルコインである。現在市場に流通しているステーブルコインの多くは法定通貨担保型に該当する。一般的に、担保とする法定通貨の価格に1:1で連動させることで価値を一定に保っている。

このタイプのステーブルコインとしては、テザー（USDT）やUSDコイン（USDC）、トゥルー USD（TUSD）、バイナンス USD（BUSD）などがあ

る。法定通貨担保型は法定通貨に直接ペッグされているため、ほかのタイプのステーブルコインよりも価格が安定しているというメリットがある。その反面、発行元の透明性が低く、発行元が十分な額の法定通貨を保有していない可能性も指摘されている。たとえば、米ドルにペッグした法定通貨USDTを発行するテザー社は過去にそうした疑いを持たれていたが、2021年5月に準備資産の内訳を初めて公開したことで、ようやく疑念を払拭できた。

　ただし、テザー社に限らず、法定通貨担保型はステーブルコインの発行や管理を担う中央集権型組織への信頼が前提になっている。そのため、安心して取引を行うためには発行元が信頼できる組織なのかをさまざまな観点で評価することが必要になってくる。

暗号資産担保型

　暗号資産担保型は法定通貨の代わりに暗号資産を担保に発行されるステーブルコインである。担保にする暗号資産に価格を連動させることでボラティリティを抑える仕組みである。法定通貨担保型と異なり、発行や管理を担う中央集権型組織が存在せず、スマートコントラクトを使用して発行されているため、DeFiとの相性が良い。ユーザーが独自にコントラクトを監査することも可能となっており、透明性が高いといえる。

　一方で、ボラティリティが大きい暗号資産を担保にしてステーブルコインの価格を安定させるのは簡単ではない。担保の価値がステーブルコインの価値を下回ってしまうと、ステーブルコインとして機能しなくなってしまう。そのため、担保にする暗号資産の価格がある程度変動したとしても、担保が常にステーブルコイン以上の価値を維持できるように、前述した過剰担保によってコインが発行されている。

　このタイプのステーブルコインの代表はMakerDAOの「Dai」であり、法定通貨担保型のUSDTなどと同様に、「1Dai≒1USD」になるように設計されている。MakerDAOについてはこのあとに説明する。

無担保型（アルゴリズム型）

　先の2つと異なり、価値の裏付けに法定通貨や暗号資産の担保を必要としないステーブルコインで、コインの供給量を市場の需給に応じてアルゴリズムで調整することによってその価値を一定に保っている。たとえば、コインの価格がペッグする法定通貨を下回るとステーブルコインの供給量を減らすことで価値を上げ、反対に価格が上回った場合はコインの供給量を増やし、コインの価値を下げる。

　このような仕組みは中央銀行がインフレまたはデフレ抑制のために、紙幣発行量を調節する金融政策と似ている。中央銀行と異なり、手動ではなくアルゴリズムによって自動化されている点に特徴があるものの、価格維持が非常に難しく、機能していないプロジェクトも少なくない。

図表3-8　TerraUSD（UST）の価格推移

■2022年5月8日まではほぼ1ドルをキープしていたが、急落後は価格が戻らず、0.04ドル前後で推移している。

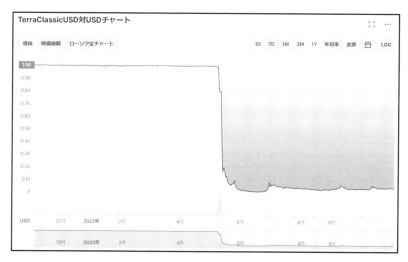

（出所）https://coinmarketcap.com/ja/currencies/terrausd/

　無担保型の代表例としてTerraUSD（UST）があるが、2022年の5月9日を境に、米ドルとペッグできない状況に陥り、わずか4日で価格が0.1ドル台まで急落するという大騒動があった（図表3-8）。この騒動を受けて、TerraUSDを運営していたTerraform Labsの共同創業者らが資本市場法違反で起訴され、さらに暗号資産レンディングのCelsius NetworkやVoyager Digital、ヘッジファンドのThree Arrows Capitalなどが破産申請するなど暗号資産市場に激震が走った。

　無担保型のステーブルコインは担保を必要としないため、資金効率が良いというメリットがあるものの、TerraUSD以前にもIRONなどが破綻しており、改めて価格維持の難しさ、不安定性を露呈した格好となった。

MakerDAO

　MakerDAOはイーサリアムブロックチェーン上に構築された暗号資産担保型のステーブルコイン「Dai」の発行を可能にするプラットフォームである。ステーブルコインを発行するほかのプロジェクトでは中央集権的な組織が存在することが多い。しかし、MakerDaoは、その名が示す通り、スマートコントラクトを活用してDAOとして中央集権的な組織なしに運営されている。そのためDeFiに分類され、最初の大規模DeFiプロジェクトとしても知られている老舗のプロジェクトである。

　ユーザーは暗号資産を担保に発行されたDaiを「安定化手数料」と呼ばれる手数料とともにプラットフォームに返却すれば、担保にした資産も返却される。このため、暗号資産を担保にステーブルコインを借りているともいえる。このことからMakerDAOはCompoundなどと同様にレンディングプラットフォームに分類されることもある。

　過剰担保により価値が維持されており、担保にする暗号資産によって異なる担保率が設定されている。こうした仕組みはCompoundとほぼ同じである。ただし、現在MakerDAOは「MKR」というガバナンストークンを保有しているコミュニティメンバーによって運営されているため、担保にできる

暗号資産の種類や担保率はMKR保有者による投票によって決められている。本稿執筆時点で使用できる暗号資産はETHのほか、WBTC、YFI、LINK、MATIC、MANAなどがある。

　また、仮に担保としている暗号資産の価値が下落し、最低担保率を下回ってしまった場合、担保が自動的に清算（没収）されてしまう点もCompound同様である。ただし、Compoundの場合は借りている暗号資産の価値が上昇することによっても担保率を下回る可能性があったが、MakerDAOの場合は借りているのがステーブルコインのため、基本的に価値の上昇は発生しない。そのため、担保としている暗号資産の下落のみを気にすればよい。

　没収された担保は、「担保オークション」と呼ばれるオークションにかけられ、Daiと引き換えに売却される。清算されると担保が没収されるだけでなく、「清算ペナルティ」と呼ばれる手数料も支払う必要がある。この手数料額もMKRトークンの保有者による投票によって決定される。

価格維持の仕組み

　Daiは「1Dai≒1USD」になるように設計されているステーブルコインであるが、その価格は市場の需給バランスに応じて常に変動している。では、具体的にはどのような仕組みで価格を維持しているかというと、安定化手数料と「Dai貯蓄率」の調整である。Dai貯蓄率とは、Dai保有者がDaiを預けることによって得られる金利を意味する。この2つのパラメーターをDaiの市場における需給状況に応じて変化させることで、Daiの価格をコントロールし、米ドルとのペッグを維持している。

　たとえば、Daiの価格が1ドルを上回っている時には、安定化手数料が引き下げられる。手数料が安くなればDaiを発行するインセンティブが生まれるため、Daiの供給量が増加し、Daiの価値が下がり、価格は1ドルに近づいていく。1ドルを下回っている時には逆のことをすればよい。

　Dai貯蓄率も同様に、Daiの価格が1ドルを上回っている時には、貯蓄率を引き下げ、貯蓄に回すインセンティブをなくすことで市場に出回るDaiの

量を増やし、Daiの価値を下げる。1ドルを下回っている時は反対のことをすればよい。

　Daiは安定して運用されているステーブルコインであるが、必要な担保率が高く、法定通貨担保型よりも資金効率が悪い点がデメリットとして指摘される。そのため、最近では最低担保率をMakerDAOよりも下げたステーブルコインであるLUSD（Liquityが運営）なども登場している。しかし、当然ながらデメリットもあるため、依然としてDaiが使用されるケースが多い。

最近のハッキングのターゲットはDeFi

　2014年2月に発生したマウントゴックス事件に始まり、2018年1月に580億円が盗み出されたコインチェック事件など暗号資産のハッキングはなくならず、断続的に発生している。最近でも2022年3月に人気NFTゲーム「Axie Infinity」専用のサイドチェーン「Ronin Network」がハッキングされ、暗号資産史上最大となる770億円相当が盗まれるという事件があった。
　これまでハッキングの対象は、マウントゴックスやコインチェックのような暗号資産取引所が多かったが、2021年以降はDeFiが多くなっている。ブロックチェーン分析企業のChainalysisが2022年4月に発表した『2022年暗号資産関連犯罪レポート』によると、2022年の最初の3カ月に盗まれた全暗号資産の97％がDeFiプロトコルからのもので、2020年の30％、2021年の72％から年々拡大していることが明らかになった（図表3-9）。
　ハッキングの原因も変化しつつある。かつて暗号資産のハッキングの多くは、ハッカーが被害者の秘密鍵にアクセスするというセキュリティ侵害によって生じていたが、DeFiプロトコルの場合には、コードの誤りによる脆弱性を突いたものが多くなっている[注3]。このような攻撃ができてしまう理由

（注3）ただし、Ronin Networkのケースは従来型の秘密鍵へのアクセスによるものである。

図表3−9　ハッキング被害の対象別の割合（2020年〜2022年第1四半期）

■DeFiの比率は2020年：30%、2021年：72%、2022年：97%へと急激に増加している。

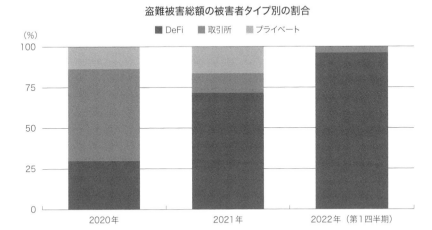

（出所）Chainalysis『2022年暗号資産関連犯罪レポート』

はさまざまであるが、その一つとして、ChainalysisはDeFiアプリケーショ
ンがオープンソースベースで開発されている点を指摘している。

　DeFiでは人間の介在なしにユーザーの大切な資金を移動させるため、信
頼を得るためには、ユーザーがコードを監査できるようになっている必要が
ある。しかし、それは同時に、悪意を持ったハッカーがスクリプトを事前に
解析して脆弱性を発見し、悪用できることを意味する。実際、2021年に発
生したBadgerDAOに対するハッキングのケースでは、ハッカーが攻撃の数
カ月前にコードの脆弱性やロンダリングの手順をテストしていたという。

　Chainalysisによると、2022年は10月半ばの時点ですでに125回のハッ
キングで30億ドル以上が盗み出されており、被害額は2021年を超えて過
去最大になると予測している。DeFiには多くのメリットがあるものの、こ
うしたリスクと背中合わせであることは常に意識しなければならない。

（4）ハッキングを対象にしたDeFi保険

　DeFiをターゲットとしたハッキングの増加に伴い、ユーザーが被害を被った際に補償を受けられる「DeFi保険」も登場している。通常、中央集権型の取引所がハッキングに遭った場合、ユーザーは取引所に対して補償を求めることができる。しかし、運営主体が不在のDeFiではすべて「自己責任」である。この問題に対する1つのソリューションがDeFi保険であり、スマートコントラクトのバグなどが原因でハッキングされた場合、ユーザーは補償を受けられる。Nexus Mutual、Unslashed、InsureDAOなどが有名であるが、ここでは日本人メンバーが中心となって開発しているInsureDAOを紹介する。

　InsureDAOはシンガポールを拠点に開発しており、サービスの運用と管理は独自トークンの「INSURE」を保有するメンバーで構成されるDAOが行っている。DAOのチェアマンにはライフネット生命の創業者である岩瀬大輔氏が就いていることで知られる。

　2022年2月にイーサリアム上でローンチし、その後、Optimism Network、Astar Networkでも稼働を開始している。これらのブロックチェーンにアクセスできる人であれば、本人確認なしに、あらゆる保険の作成・加入・引き受けが可能となっている。

InsureDAOの仕組み

　InsureDAOの仕組みを図表3-10に示した。InsureDAOの特徴は任意のDeFiプロトコルを対象に、誰でも「保険プール」を作成できる点である。保険プールとは補償に必要な資金を預け入れる場所である。開発フレームワークが提供されているため、これを使って補償対象とするDeFiの保険プールを作成できる。これは前述したUniswapで任意の流動性プールを作成できるのと似ており、リスクの高いDeFiプロトコルを含め、あらゆるDeFiを対

図表3-10　InsureDAOの仕組み

■引受人は補償の対象とするDeFiプロトコルを自由に選択して保険プールを作成し、資金を提供することによるリスクと引き換えに報酬を受け取る。購入者は従来の保険同様に対象とするDeFiのリスクに応じた保険料を支払うことによって、ハッキングなどの被害に遭った場合に必要な補償を受けられる。保険料の支払いが発生した場合は、引受人が提供した資金から支払われる。

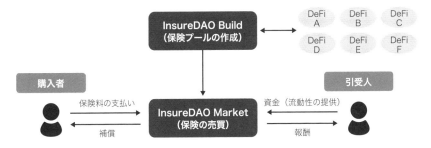

（出所）野村総合研究所

象にした保険商品を作成できる。

　購入者（加入者）は、従来の保険同様に対象とするDeFiプロトコルのリスクに応じた保険料を支払うことによって、ハッキングなどの被害に遭った場合に必要な補償を受けられる。保険料はアルゴリズムを使用してリスクを測定し、さらに市場の需要と供給に基づいて動的に変わる。ただし、保険料の大幅な変動を防ぐために、InsureDAO は「保険プールTVL」と呼ばれる別のパラメーターも使用している。ここでのTVLは各プールに預け入れられた暗号資産の総額を意味し、TVLが100万ドル以下の場合には保険料の変動がより緩やかになるように設計されている。

　保険の引受人は、資金（暗号資産）を保険プールに預け入れて流動性を提供し、報酬として「iToken」と呼ばれるERC-20トークンを提供した資金に応じて受け取る。どのDeFiプールに資金を提供するかは、リスクやTVL、APY（年間利回り）などを確認して選択することになる。資金提供後は、保険の購入者（加入者）が支払った保険料の一部をトークンの持ち分に応じて受け取れる一方で、ハッキングなどが起こり保険金の支払いが発生した場合はプールされた資金から支払われることになる。プールに預けた資金は一定期間（14日間など）経過したあと、引き出すことができる。

　保険の加入者から保険金の請求があった場合、支払の査定を担当するのが、「ReportingDAO（レポーティングDAO）」と呼ばれるスマートコントラクトとセキュリティの両方に詳しい専門家で構成されるSubDAO[注4]である。メンバーはInsureDAO のトークン保有者によって選出され、中立的な立場で判断を下し、トークン保有者による恣意的な査定にならないよう考慮されている。

「インデックス保険」の導入

　InsureDAOのユニークな機能の一つは、引受人が任意の「インデックス保険」を作成できることである。これは株式投資におけるインデックス投資に近く、いくつかの個別の保険プールから構成される「インデックスプール」を作成し、レバレッジを利かせられるという機能である（図表3-11）。
　インデックスプールに流動性が提供されると、インデックスを構成する各保険プールに流動性が割り当てられ、さらに、各プールのいずれかの補償額が足りなくなった場合には、そのプールにほかのプールの補償額を追加で割り当てることができる。各プール間での流動性を多様化するために、各プールの最大割り当てはインデックスプールに提供された資金の50％までとなっている。そうすることで、インデックスを構成する3つ以上のプロトコルで同時にインシデントが発生しない限り、最大支払い額はインデックスプールに提供された元本の範囲内に収まることになる。
　インデックスプールは流動性を高め、各プールに効率的に流動性を割り当てると同時に、引受人には高いAPYを提供し、サービス全体としては安価に保険を提供できるようにすることを目指している。
　インデックス保険の引受人になった場合も、インデックスを構成する各保険プールで保険金の支払いが発生した場合は預け入れた資金から支払われることになる。そのため、ハイリスク・ハイリターンといえる。

（注4）メインのDAOに対して補助的な機能を持つDAOで、メインのDAOと連携しながらも、完全な自律性を持って運営される。

図表3-11　インデックス保険のイメージ

■引受人は個別の保険プールで構成されるインデックスプールを自由に作成できる。

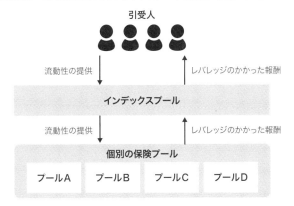

DeFiがマスに達するために解決すべき課題

　本章では、Web3のアプリケーションとして早期に立ち上がったDeFiについて代表的なサービスとともに解説した。リスクも伴うが、これらのサービスが中央集権的な組織なしに実現していることを踏まえると、非常に洗練された仕組みだと感じる。

　ただし、現状ではごく一部の限られたユーザーが騒いでいるだけで、大多数の人にとっては対岸の火事のように感じられるかも知れない。実際、本稿執筆時点でのDeFiのTVLは520億ドル程度となっており、世界の金融システムに占める割合はまだまだ非常に小さい。では今後、DeFiが幅広いユーザー層に受け入れられ、TVLを増加していくために必要なことは何だろうか。

　まず第1に、DeFiに対する根本的な信頼を高めることが必要である。本稿で紹介したようなリリースされてから少なくとも1年以上経過し、かつTVL上位のプロジェクトであれば、ある程度は信頼できるが、中にはあた

かも中央管理者がいないように振る舞うことによって、規制対象から逃れようとしているだけではないかと疑われるプロジェクトもある。

　実際、2021年8月には米証券取引委員会（SEC）が、「DeFiプロジェクト」と称して未登録の有価証券を販売していたとして、「DeFi Money Market」を起訴するという事件があった。このプロジェクトは米国の著名な投資家であるTim Draper氏が出資していたこともあり信用できると思われた。しかし、実態としては分散されていない方法で運営されていたという。こうした事件が起こると、一般投資家は何を信用していいのかわからなくなってしまう。

　次に、現在分断されている既存の金融システムとDeFiの相互運用性を高めることも必要であろう。たとえば、現状のほとんどのDeFiで担保にできるのは暗号資産のみであるが、企業の債務や不動産といった現実世界の金融資産や物理資産を担保にできるようになればDeFiの裾野を大きく広げられるはずだ。すでにAaveやMakerDAOなどの一部のプロジェクトはそうした方向に動き出しており、今後も増加すると予想される。

着々と準備を進める既存金融機関

　最後にもう一つ必要になるのが、明確な規制のフレームワークである。2022年4月、JPモルガン・チェースのCEOであるJamie Dimon氏が同社の株主に宛てた年次書簡で、「DeFiとブロックチェーンは本物だ」と記したように、既存の金融機関もDeFiには大きな関心を寄せている。

　2022年6月に開催された暗号資産関連の大規模イベント「Consensus 2022」では、JPモルガンのブロックチェーンプロジェクトの責任者であるTyrone Lobban氏が、同社の機関投資家向けのDeFi計画を詳細に説明した。同氏は米国債からマネーマーケットの株式に至るまで、トークン化された資産はすべてDeFiプールの担保として使用可能であり、何兆ドルもの資産をDeFiに持ち込み、機関投資家向けのスケールでDEX、レンディングなどに利用できると語った。

　そして、2022年11月には、JPモルガン・チェースのほか、シンガポール金融管理局（MAS）、DBS銀行、SBIデジタルアセットホールディングスなどが参加し、ホールセール市場におけるDeFiの応用を検証するために試験運用を実施したことを発表している。トークン化されたシンガポール国債、日本国債、日本円、シンガポールドルの流動性プールを対象として、DeFi上で為替取引と国債取引を実行したもので、取引基盤にはDeFiレンディングプロトコルの「Aave」に修正を加えたバージョンが使用され、取引自体はPolygonのメインネット上で行われたとのことだ。

　従来の金融機関は規制が明確に定まっていない現在の状況ではDeFiを使いづらいものの、規制環境が安定したらすぐにでもDeFiを使いたいと考えているようだ。そのための準備は着々と進められているといえるだろう。

第4章

Web3の代表的な
ユースケース
── GameFi

　GameFi（ゲームファイ）は、GameとFinanceを組み合わせた造語であり、ゲームをプレイすることで暗号資産を稼げるブロックチェーンゲームである。GameFiという名称は、DeFiにちなんで付けられた。

　DAppsの中で暗号資産用のウォレットが最も多く使用されているのは、実はNFTでもDeFiでもなく、このGemeFiである。DAppsに関する情報サイト「DappRadar」が2022年7月に公開した2022年第2四半期（4月～6月）の「Blockchain Games Report」によると、アクティブ状態のデジタルウォレット（Unique Active Wallets：UAW）の過半数（約52％＝約110万個）が、ブロックチェーンゲーム領域で使用されており、DeFiやNFTを大きく上回っている（図表4-1）。また、1年前の2021年第2四半期と比較して232％も増加している。

　このGameFiの人気を支えているのが、「Play to Earn（P2E）」と呼ばれるコンセプトである。ほとんどのGameFiが採用しているP2Eとは、文字通り「稼ぐためにプレイする」の意味であり、「Play to Win（勝つためにプレ

図表4-1　カテゴリ別のUAW（ユニーク・アクティブ・ウォレット）の推移（2021年第1四半期～2022年第2四半期）

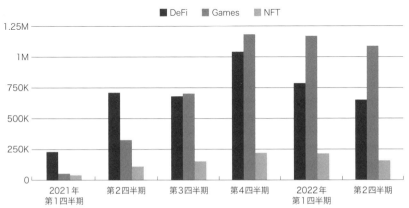

（出所）https://dappradar.com/blog/dappradar-x-bga-games-report-q2-2022

イする）」があたり前だった従来のゲームとは大きく異なっている。もちろん、勝つことだけが目的ではなく、純粋に楽しんだり、達成感を得たり、ストレスを解消したり、あるいは認知機能を強化したりなど、人がゲームをする目的はさまざまである。

　ただ、このGameFiに限ってはお金を稼ぐことを目的としている人が大半を占める。P2Eでは、一般的にプレイヤーがNFTやトークンの形でゲーム内のアイテムを獲得し、それを現金化することで現実の世界で利益を得られるようになっている。

　東南アジア、南米、アフリカなどの賃金の低い発展途上国では、ブロックチェーンゲームをプレイすることで生活費を稼いだり、家族を養ったりするゲームプレイヤーが続出したことで大きな話題になった。

ゲームコンテンツのビジネスモデルの変遷

　GameFiについて詳細な説明に入る前に、ゲームコンテンツのビジネスモデルの変遷について簡単に振り返っておこう。

(1) パッケージやダウンロード販売による売り切り型

　パッケージ販売は、1983年に登場した任天堂の「ファミリーコンピュータ（ファミコン）」や2020年の年末商戦に合わせて投入されたソニー・インタラクティブエンタテインメントの「PlayStation 5」など、家庭用据置型ゲーム機で古くから採用されているモデルである。据置型ゲーム機でも近年のインターネットに接続できる機種であれば、パッケージソフトを購入するのではなく、インターネットからソフトをダウンロードして購入することもできる。PlayStation 5では、パッケージ版とダウンロード版の両方を用意している。

(2) サブスクリプション

　パッケージやダウンロード販売のように個別にソフトを購入するのではな

く、月間あるいは年間の定額料金を支払うことで多数のソフトをプレイできる、ゲーム版のサブスクサービスである。ソニー・インタラクティブエンタテインメントのPlayStation Plus、AppleのApple Arcade、任天堂のNintendo Switch Onlineなど、近年日本でも増加している。

(3) Free-to-play（F2P）

　基本プレイが無料のゲームである。もともとはオンラインゲームから始まり、モバイルゲームではすでに一般的になっている。F2Pのモデルを世界で初めて取り入れたのは、ネクソンが1999年に配信を開始したQplayというクイズゲームだとされている。

　F2Pというモデルが登場した背景にはゲームタイトルの増加があった。魅力あるゲームタイトルが増えるに従い、1タイトルあたりに集まるプレイヤーは減少していく。この状況に歯止めをかけるために考え出されたのが、基本プレイ部分を無料にすることで多くのプレイヤーを集めるF2Pである（現在ではF2Pが一般的となっており、F2Pであることがプレイヤーを集める効果的な手段にはならなくなっている）。

　そして、このビジネスモデルを持続可能にするために生まれたのが、「基本プレイ無料でユーザーを集め、アイテム課金によって収益を得る」ゲーム内課金である。プレイヤーはゲームを有利に進めることができたり、ゲーム内のキャラクターを着飾ることができたりするアイテムをゲーム内で購入する。今でこそ、スマホゲームではあたり前になっているアプリ内課金モデルは、iOSでは2009年7月に、Androidでは2011年3月に開始されている。

従来のビジネスモデルの課題

　ゲームの開発者側からすると、パッケージでもダウンロードでも「販売」モデルは開発費を回収できるかどうかは、ふたを開けてみなければわからない博打的な要素が強い。サブスクモデルは、上に挙げたようなAppleや任天堂などのプラットフォーマーの手数料が高く、開発会社の実入りが少なく

なってしまう。その点では、Web2.0的なモデルといえるかも知れない。

　Free-to-playによるゲーム内課金は、少数の重課金者に収益を依存することがほとんどである。そうした重課金者の中には借金をしたり、支払うべき生活費を滞納したりしてまで課金してしまう人も存在し、トラブルに発展するなど社会問題にもなっている。

　こうしてみると、ゲーム開発者側が持続可能な形で収益を得るのは決して簡単なことではないことがわかる。プレイヤー側もゲームを楽しむ一方で、お金を払うばかりで何の報酬も得られなかった。プレイすることで収入を得られるP2EをコンセプトとするGameFiはその点で画期的だといえる。

GameFi（Play to Earn）とWeb3の関係

　一般的なGameFiの仕組みを簡単に説明すると以下の通りである。

（1）ゲームをプレイするために、プレイヤーは最初にNFTを購入する。

（2）ゲームをプレイすると、プレイヤーはNFTやトークンの形でゲーム内アイテム（武器、スキン、アバター、通貨など）を獲得できる。

（3）トークンはゲーム内で再投資したり、現金化して利益を得たりできる。

　GameFiが従来のゲームと異なるのは、従来の中央集権的なゲームでは、ゲーム内のキャラクターやアイテムなどのデータがゲーム会社に管理されてきたのに対し、GameFiでは、ゲーム内のデータはすべてブロックチェーンに記録される点だ。

　従来は仮にゲーム自体が閉鎖されてしまえば、プレイヤーがそれまでに獲得したアイテムは無駄になってしまうが、NFTになっていれば同じNFTを別のゲームで使用することができる。NFTはゲーム会社の持ち物ではなく、プレイヤーの持ち物だからである。つまり、あるゲーム内で獲得したアイテムであっても、その価値はそのゲーム内に閉じることはない。キャラクター

やアイテムはブロックチェーンに記録されているため、第三者はもちろん、ゲーム会社も変更や改ざんを行うことはできない。このため、公正性や透明性も向上する。

GameFiの代表的存在──(1) Axie Infinity

おそらくブロックチェーンゲームで最もよく知られているのは、ベトナムのSky Mavis社が開発した「Axie Infinity」だろう。Axieというペットを育成して戦わせる対戦型のゲームで、プレイヤーは育成したAxieやゲーム内の不動産、花や樽といったアクセサリーなどのアイテムをゲーム内のNFTマーケットプレイスで売却したり、あるいは対戦相手のAxieに勝ったりすることで「SLP（Smooth Love Potion）」というトークンを獲得できる。SLPのほか、「AXS（Axie Infinity Shards）」というガバナンストークンも発行されており、この2種類のトークンを使用してAxie を「交配」させることで新たにユニークな子孫を残すこともできる。

プレイヤーがゲームを始めるには、まず3体のAxieを購入する必要がある。個々のAxie の特性（体力、スピード、スキルなど）によって値段が異なるほか、暗号資産の相場によっても価格は大きく変わってくる。安ければ、1体あたり数千円で買える時もあるが、タイミングによっては数十万円という高額で取引される時もある。

また、プレイヤーは自分が育成したAxie のうち、余剰になったり、不要になったりしたAxie や仮想不動産などを販売することができる。この際、運営側は4.25％の販売手数料を徴収することで収益を得ている。一方のプレイヤーは獲得したトークンを現金化することで収益を得ることができる。

初期費用無料でゲームを開始できる「スカラーシップ」制度

Free-to-play とは対照的に、初期費用が数十万円にもなると、誰でも気軽にゲームを始められるわけではない。しかし、一方では多少高額でも早期に

元が取れるなら初めから強いAxie を投資として購入するという人も大勢いる。これは、そもそもお金を稼ぐ目的でプレイする人がほとんどだからである。

　ここで考え出されたのが、投資目的などでAxieを多数購入しているオーナーから、Axieを購入できないプレイヤーがAxieを借り受けてプレイを始める「スカラーシップ」という仕組みである。

　スカラーシップ制度は2021年に「Yield Guild Games（イールド・ギルド・ゲーム）」というゲーマーを集める組織が生み出した。平たくいえば、ゲームキャラクターやゲームアイテムなど、NFT化されたゲーム資産のレンタル制度である。

　一般的にP2E型のゲームでは、Axieのようなゲームの資産を先に購入する必要がある。しかし、その金額が高額になればなるほど、参加に二の足を踏むユーザーが多くなる。スカラーシップはこのようなユーザーの参入障壁を下げるために考案された仕組みである。

　NFT化された資産を借りるプレイヤーは「スカラー（Scholar）」、スカラーの獲得や資産の貸し出しなどの運営を行う組織は「ギルド（Guild）」、スカラーとギルドの間に入り、スカラーの採用やトレーニング、メンタリングなどを担当する人は「スカラーシップマネージャー（Scholarship Manager）」と呼ばれる。スカラーは初期費用0でゲームをプレイし始めることができるが、借り受けた資産を使って稼いだ収益は、ギルド、およびスカラーシップマネージャーとシェアする必要がある。Axie Infinityの場合、スカラーが70%、スカラーシップマネージャーが20%、ギルドが10%の配分である。

　Axie Infinityがリリースされたのは2018年であるが、当初はまったくプレイヤー数が伸びず、鳴かず飛ばずの状態が続いた。2021年に急激にプレイヤーが増えることとなったが、その原動力となったのがスカラーシップ制度の採用である。

　スカラーシップは、ゲームで遊ぶ時間はあるものの初期費用が払えない低所得の国の人がスカラーとなり、時間はないが初期費用が払えて、自分の時間を割かずに不労所得を得たい高所得の国の人がギルドとなることが多い。

　たとえば、Axie Infinityのユーザーの30％を占めるフィリピンの平均月収は日本円にして4万円程度であり、初期費用が数十万円もかかってはプレイできる人は限られる。逆にいえば、1日あたり1500円も稼げれば、平均月収を超えられる。Axie Infinityでは、1日におおよそ75〜100SLP程度のトークンを手に入れることができる。2021年5月〜9月くらいまでは、SLPの価格は10〜40円程度で推移していたため、ゲームをプレイするだけで1日あたり750〜4000円相当のお金を得られたことになる。月収にして2万2500円〜12万円となり、相場にもよるが少し頑張れば生計を立てられることになる 。Axie Infinityはコロナ禍でロックダウンを実施し、困窮を強いられたフィリピンの老若男女の間で爆発的な人気を博した。それにはこうした背景があったのである。

　なお、国を超えたスカラーシップが実現できるのは、ブロックチェーンを利用すれば、国際送金を安く、かつ早く行えるからである。従来のように銀行を通じて国際送金をすると手数料が高くつき、時間もかかる。スカラーシップと同様のアイデアは以前から存在していたが、GameFiで有効に機能するのは、ブロックチェーンで暗号資産をやり取りするからという側面も大きい。

GameFiの代表的存在──(2) STEPN

　Axie Infinityと並んでよく知られているGameFiは「STEPN」であろう。STEPNはNFTスニーカーを保有し、毎日外で歩いたり走ったりすることでトークンを獲得できるブロックチェーンを基盤としたNFTゲームである。「何百万人もの人々をより健康的なライフスタイルへと導き、気候変動と闘い、一般の人々をWeb 3に接続することを目指す」を目標に掲げている。

　獲得したトークンはゲーム内で使用できるほか、暗号資産市場で売却することによってお金を稼ぐことができる。歩いたり走ったりといった動くことでお金を稼げるため、Play to Earnにならって「Move to Earn」と呼ばれる。Move to Earn型のGameFiはSTEPNのほかにもいくつか存在する。仕

組みを簡単に説明すると以下のようになる。

(1) アプリをスマホにダウンロードする
(2) アプリを起動して歩いたり走ったりする
(3) スマホのGPS機能によって、歩いたり走ったりした距離（歩数）や時間が計測される
(4) 距離や時間に応じてトークン（暗号資産）が付与される
(5) 暗号資産市場に上場済みのトークンであれば、法定通貨に換金することでお金を稼げる

　なお、初期費用（NFTスニーカーの購入費用）が必要なものとそうでないものがあり、STEPNは初期費用が必要なタイプである。
　一般的によほど意志が強くない限り、ウォーキングやランニングなどの運動を毎日継続することは簡単ではない。しかし、STEPNでは運動すればするほどお金を稼げることがユーザーのモチベーションとなり、継続的に運動することによってユーザーを健康的なライフスタイルへと導くことを目指している。リリースされたのは2021年12月であるが、健康志向の強い日本人の間で人気となり、ユーザーの約35％が日本在住だという。

STEPNの仕組み

　STEPNを開始するためには、まずはNFTスニーカーを購入する必要がある。スニーカーはアプリ内のマーケットプレイス内で販売されている。ただし、スニーカーは歩く（または走る）速度に合わせて4タイプ、各タイプに対して5つの品質のスニーカーが用意されているほか、各スニーカーには4種類のパラメーターが定義されており、スニーカー選びが難しい（それもまた楽しみの一つになっている）。
　たとえば、品質の高いスニーカーを使えばより効率的に稼げる。あるいは、「Resilience」というパラメーター値が高いスニーカーを選ぶとスニー

カーの消耗が遅くなり、スニーカーの修理費を節約できたりするようになっている。しかし、その分、値段も高くなっている[注1]。

　また、所有しているスニーカーの数によって、1日に運動できる時間も異なる。1足だと10分しか運動できないが、3足だと20分、9足だと45分運動できるようになり、稼げるトークンが増える。3足以上であれば、所持している2足のスニーカーを掛け合わせて、新たなスニーカーを生成する「Mint（ミント）」ができるようになり、生成したスニーカーを売却して収益化できるようになるなど、一層効率的に稼げるようになる。しかし、多くのスニーカーを所有するためには当然その分コストがかかり、初期投資の回収リスクが高くなる。何足スニーカーを所有するかは、かけられる初期投資額と許容できるリスクによって変わってくる。

　スニーカーの価格は、暗号資産の相場とSTEPNの参加者数（需要と供給の関係）などによって激しく乱高下する。高い時はスニーカー1足が100万円を超える時もあったが、安い時であれば1万円を切る。1日に稼げる金額も暗号資産の相場次第で大きく変動する。参加するタイミングによっては、儲かるどころか初期投資を回収できない可能性も十分ある。こうしたリスクをきちんと理解せずに参加するのは避けるべきであろう。

　NFTスニーカーを手に入れたら、あとは自分のスニーカーに適した速度でウォーキングやランニングを行うことで、「GST（Green Satoshi Token）」というトークンを獲得できる（図表4-2）。また、スニーカーにはレベル（0〜30）という概念もあり、レベルが高くなるほど効率良くトークンを稼げるようになる（たとえば、Mintができるようになるにはレベル5が必要）。レベルを上げるためにはGSTが必要で、レベル0から1に上げるためには1GST、レベル1から2に上げるためには2GSTが必要になる。

　運営側は、NFTスニーカーの売買手数料（2％）やスニーカーをMintする際の手数料（6％）などによって収益を得ている。

(注1) スニーカーには「耐久性」という概念があり、歩けば歩くほど耐久性が下がっていく。耐久性が下がると稼げるトークンが減少するため、耐久性が低下したタイミングで定期的に修理する必要がある。

図表4-2　STEPNのスニーカーの種類

■最適な速度から外れると、獲得できるGSTトークンの量が最大90%減ってしまうため、自分の運動速度に適したスニーカーを購入する必要がある。
■「Trainer」であれば、すべての速度をカバーできるが、その分価格が高く、初期投資の回収までに時間がかかる。

スニーカーの種類	最適な速度	獲得できるGSTトークンの例
Walker	1～6km/h	4GST／1消費エネルギー
Jogger	4～10km/h	5GST／1消費エネルギー
Runner	8～20km/h	6GST／1消費エネルギー
Trainer	1～20km/h	4～6.25GST／1消費エネルギー

（出所）https://whitepaper.stepn.com/game-fi-elements/sneakersをもとに作成

GameFiはポンジスキームなのか?

　ここで紹介したAxie InfinityやSTEPNといったGameFiに対しては、いわゆる「ポンジスキーム」ではないのか？という懸念の声が絶えない。ポンジスキームは、「既存の出資者への配当に新規の出資者からの出資金を充てる投資詐欺」と定義され、不特定多数に出資を求める詐欺の総称となっている。1920年代初頭にアメリカ人のチャールズ・ポンジが行った投資詐欺が言葉の由来である。

　ポンジは全世界から出資を募り、2000万ドルもの出資金を集めたとされる。出資者には高い配当が支払われたものの、その原資となっていたのは、新たに勧誘した別の出資者からの出資金であった。出資者からの出資以外には原資がないため、新たな出資者が途絶えると出資者に配当金を支払うことができなくなり、このスキームは行き詰まり、やがて破綻を迎える。

　では、果たしてAxie InfinityやSTEPNはポンジスキームに該当するのだろうか。それぞれ検証してみよう。

(1) Axie Infinity

　Axie Infinityは新興国を中心に多くのプレイヤーが生計を立てるのを助け
てきた。ただし、最盛期の2022年1月の月間平均ユーザー数は 約280 万
人だったのが、10カ月後の2022年11月には大幅に落ち込み、70万人を割
り込んでいる。SLP トークンの価格も2021年5月のピーク時には約40円だ
ったものが、2022年11月には約100分の1の0.4円にまで下落している。

　この状況は暗号資産市場全体の冷え込みもあるが、新規プレイヤーが減少
したことで、既存プレイヤーがプレイをやめてトークンを現金化したことを
示している。つまり、新規プレイヤーの減少により、トークンの需要が低下
し、既存のプレイヤーは保有しているトークンをゲームに再投資するのでは
なく現金化することでトークンの供給が増加した結果、需要と供給のバラン
スが崩れ、トークン価格が下落したと見られる。

　このことから、新規プレイヤー≒新規の出資者が増えないことで、トーク
ン価格が下落し、それまでと同じようには稼げなくなった既存のプレイヤー
が離れていくという構図は、ポンジスキームに似ているといわざるを得な
い。

(2) STEPN

　では、STEPNの場合はどうだろうか。気づいた人も多いと思うが、Axie
InfinityとSTEPNには共通点が多い。ゲームを開始するためには最初に高価
なNFT（ペット、スニーカー）を購入する必要があり、各NFTには異なる
特性が設定され、特性によって価格が異なる。所持しているNFTを掛け合
わせて新たなNFTを生成することが可能で、生成したNFTを売却して収益
化できる点などだ。

　また、Axie InfinityでもSTEPNでも、「新規ユーザーが継続的に入ってく
ること」と「既存ユーザーがトークンを現金化しないこと」がビジネスモデ
ルを持続可能にするために不可欠である点も似ている。そうでなければ、ユ
ーザーが「稼ぐ」原資が尽きてしまうからだ。

　実はSTEPN自身もこの点は認めており、2022年4月のオフィシャルブロ

グで「ほとんどの」Play to Earn型のゲームは、「新しいプレイヤーが常に参加する」ことに依存する「ポンジ的」で「持続不可能な」仕組みであり、概して「崩壊しやすいことが証明されている」と述べている。

　ポンジスキームにならないための解決策としてSTEPNが工夫をこらしているのが、トークノミクスの設計である。結局のところ、P2E型のゲームはその名の通り、稼げることがプレイヤーの一番の目的である。そのためにはトークンの価格が適切に維持されるか、上がっていくことが望ましく、需要と供給のバランスをどう取るかという問題に帰結する。トークンが過剰に供給されるとトークン価格は下落する。トークンのまま保有しておきたいという需要がないとプレイヤーはトークンを現金化してしまうため、トークン価格は同じく下落する。

　これを回避するためには、

（1）適切なトークンの焼却メカニズムによって需要が誘発され、供給が
　　　減少すること
（2）トークンを現金化するインセンティブをなくすこと

という2つが実現されるようにトークノミクスが設計される必要がある。

　STEPNではスニーカーの「耐久性」や「レベル」といった概念を導入することでトークンの実需が増えるように設計しているほか、現在は「アクティベーションコード（ゲームに参加するための招待コード）」がなければ参加できないようにしており、新規ユーザーの参加率をコントロールしている。なぜなら、ユーザーが大量に入ってくる状況になると、トークンの発行量が相対的に少な過ぎて相場が高騰し過ぎるからである（逆にユーザーが急減するとトークンの価値が暴落する）。

　このようにSTEPNの運営側は自身のビジネスモデルがデジタルのポンジスキームであるという批判に対抗し、長期的な持続可能性を実現するために懸命に取り組んでいる。

トークンを現金化するインセンティブをなくすには

しかし、実際にはこの2つの条件を満たし続けるのは難しい。（1）の需要の誘発は前述したように運営側の努力である程度はコントロールできるが、（2）の現金化のインセンティブをなくすのはコントロールが難しい。たとえば、何かをきっかけにトークン価格が下落する兆候が現れると、プレイヤーは利益を確定させるために現金化に走る。

実際、STEPNはこれを経験している。2022年の4月～5月半ばくらいにかけて、STEPNはバブルといってよい状況にあった。Twitterには、「1日に50万円稼いだ」「1週間で原資を回収できた」といった投稿が溢れ、ゴールデンウイークには最も安いスニーカーでさえ20万円近くになり、5月中旬から下旬にかけては70万円ほどにまで高騰した。バブル期には高値で買っても、さらに高値で売れるため、資金に余裕のあるユーザーが続々と参入した。

しかし、バブルは長くは続かない。5月27日、運営サイドが「中国本土のプレイヤーを7月15日に締め出す」と発表した途端、バブルは弾けた。暗号資産市場全体が冷え込んだことも重なり、トークンの暴落を危惧したプレイヤーが投げ売りを始め、スニーカー、トークン価格ともにピーク時の10分の1程度にまで暴落したのである。本稿執筆時点（2022年11月）でも価格は戻らず、低空飛行を続けており、厳しい状況が続いている。

一般的に、GameFiでは先行者利益が発生しやすい。先に始めたユーザーはトークンの値上がりによって利益を享受できるが、ブームになったあとに入ってきたユーザーにとってはすでに初期費用が高額になってしまっている上に、一旦ブームが落ち着くとユーザーが離れ始め、トークンの価格も低下し、思うように稼げないというオチである。そうなると、「もう稼げない」という評判が広まり、新規ユーザーは入ってこなくなり、負のスパイラルに陥り始める。

こうならないために、運営側に求められるのは卓越したトークノミクスの

設計スキルに尽きる。負のスパイラルに陥る前にゲーム内で付与するトークンの供給量の設定などを通じ、ユーザーが獲得したトークンの価値が下がらないようにしたり、ユーザー数が急激に増減しないようにコントロールしたりすることが必要になる。

　GameFiがポンジスキームにならないようにするのは、トークノミクスの設計次第ともいえるかも知れない。

Axie Infinity から学ぶべきこと

　Axie Infinityが今の状態から復活を遂げるのは難しいだろう。繰り返しになるが、今日、ブロックチェーンゲームをプレイする多くのプレイヤーは、純粋にゲームを楽しむのではなく、お金を稼ぐことが目的になっている（実際、従来のゲームに比べれば、現在のブロックチェーンゲームはつまらないものが多い）。前述したフィリピンではゲームを仕事と見なしているという声もあるほどだ。そのため、稼げなくなれば、保有しているトークンを現金化し、容赦なく別のゲームに移ってしまう。ゲーム自体に魅力がなければ思うように稼げなくなったプレイヤーは見切りを付け、別の稼げるゲームへと移っていくのは当然であろう。

　ゲームをプレイすることで稼げるP2Eというコンセプトは画期的であるが、「稼げる」だけでは持続可能ではないことをAxie Infinityが証明した格好となった。結局のところ、従来のゲームのように純粋に楽しんだり、達成感を得たり、ストレスを解消できたり、あるいは認知機能を強化できたりといった点も必要ということであろう。ブロックチェーンをベースとし、稼げるのが暗号資産である限り、その価値は乱高下する。安定して稼げるわけではないからだ。つまり、今後のGameFiにはPlay to Earnではなく、Play「and」Earnへの転換が求められる。

　そのためには、基本に立ち返り、まずは稼げなくても楽しめる魅力的なゲームを開発することが必要になる。Free-to-playがそうであったように、十分なユーザーベースを築いた上で稼げる機能を追加しても決して遅くはな

い。ゲーム自体の魅力を高めれば、金儲け目的のユーザーの比重を下げられる。そうすれば、市場の冷え込みで多少稼げなくなったとしてもゲーム自体の面白さによってユーザー離れを食い止められるだろう。そして、市場が上向けば、ユーザーも再び戻ってくることが期待できる。

　一方、STEPNのようなMove to Earn型のゲームについての判断は保留したい。ゲームといってもAxie Infinityのような対戦型のゲームではなく、歩く、走るといった健康的な活動が稼ぐことにつながるため、もともとウォーキングやジョギング、ランニングが趣味の人からすれば趣味の延長線上で稼げることになり、メリットは大きい。また、最初はお金を稼ぐことが目的で始めた人も、次第にウォーキングやジョギングにハマり、目的が変わることも期待される。そのため、Axie Infinityよりも持続可能性は高いのではないだろうか。

第5章

リアル世界へ広がる
Web3

　Web3の世界の分散型アプリケーションというと、ここまで紹介してきたDeFiやGameFiのような金融やゲームに関連したものが代表として挙げられることが多い。誤解を恐れずにいえば、これらのアプリケーションが注目されるのは金儲けの香りがするからであろう。

　DeFiは「従来の金融サービスに比べて仲介者が存在しない分、高い利回りが期待できる」と謳っているサービスがほとんどであるし、GameFiに至ってはこれまで課金されるだけだったゲームでお金が稼げるとなれば多くの人が関心を寄せるのも無理はない。

　一方で、「GAFAに対するアンチテーゼ」「管理者のいない非中央集権型サービスの実現」といったWeb3がもともと掲げていたビジョンが単なる金儲けの道具としてしか注目されないのは、少しばかり寂しい気もする。

　そうした中で個人的に注目しているのは、分散・非中央集権といったWeb3の特性を生かし、ネットの世界だけではなく現実世界の課題解決に役立つサービスである。ここでは、そうした意欲的な取り組みをいくつか紹介する。紹介するサービスの多くは立ち上がったばかりであり、事業として軌道に乗るかどうかは不透明ではあるものの、アイデアはどれも興味深い。

分散型人材ネットワーク「Braintrust」

　Braintrustは2020年に開始された世界初の「分散型人材ネットワーク」を標榜するプロジェクトである。簡単にいえば、イーサリアムブロックチェーン上で稼働する、運営企業の存在しないクラウドソーシングサービスである。

　Braintrustは、既存のクラウドソーシングサービスで仕事を受けているフリーランス人材、あるいはUberやLyftなどのライドシェアサービスで働くドライバーに対する紹介料が高過ぎるという問題意識から開始された。たとえば、米国のクラウドソーシングサービス大手であるUpwork、Fiverrはともに20％の紹介料を取っている。Uber、Lyftの場合は30％もの紹介料をド

ライバーから徴収しているといわれる。

　これに対して、Braintrustでは紹介料を一切徴収しない。従来のように仲介料を中抜きする企業が存在しないため、スキルに見合った正当な報酬を求める優秀な人材が集まる。

　その代わりに仕事を発注する企業から10％の手数料を徴収している（この10％の手数料は業界標準よりかなり安い）。

　たとえば、企業からフリーランス人材に支払う報酬が300ドルだとすると、30ドルが手数料となり、企業は計330ドルを支払うことになる。では、従来は運営企業の収益の一部になっていた手数料は、運営企業の存在しないこの仕組みの中で何に使われるのだろうか。

　ここで登場するのが、「コネクター」と呼ばれる、Braintrustにクライアントとなる企業や人材を紹介する第3の登場人物である。コネクターは新たに仕事を発注するクライアント企業や新たに働く人材を紹介し、実際に仕事が発生し、報酬が支払われた時点で事前にプログラムされたルールに従って紹介料を受け取る。紹介料は歩合制になっており、紹介すればするほど紹介料が増えるようになっている。そのため、より多くの人材や企業を紹介しようとするモチベーションにつながる。また、コネクターには誰でもなれるため、クライアント企業がほかの企業を紹介した場合は、クライアント企業も紹介料を受け取れる。

報酬はトークンで

　この際、コネクターが受け取る報酬は法定通貨ではなく、Braintrustが発行する「BTRST」というトークンである。また、コネクターから紹介を受け、新たにBraintrustに登録した人材もトークンを受け取れる。さらに紹介を受けた仕事を無事に完了し、クライアント企業からの評価で五つ星（満点）を獲得した場合にはさらにトークンを受け取れる。

　企業は報酬と手数料を法定通貨（ドル建て）で支払うが、手数料はUSDC（ステーブルコイン）に交換されたあと、「フィーコンバーター」というスマ

図表5-1　Braintrustの仕組み

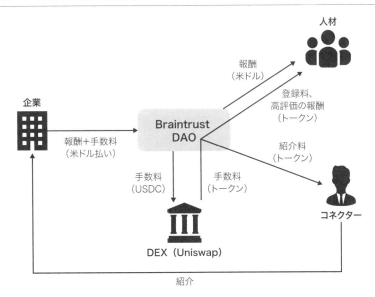

（出所）野村総合研究所

ートコントラクトによって、DEX（Uniswap）でBTRSTトークンを購入するために使用される。購入したトークンは「Braintrust DAO」というDAO（BraintrustはすでにDAO化されている）に送信され、このDAOからトークンが支払われることになる（図表5-1）。

　トークンの使い道は大きく3つある。

（1）ガバナンスへの参加

　BTRSTトークンの保有者は、DAOでサービスの改善のためのアイデアを議論し、変更を提案したり、提案に投票したりすることができる。つまり、Braintrust に登録している人材自身がDAOの運営に携わることを意味する。各トークンは1票を表すため、より多くのトークンを保有するユーザーは、より大きな投票力を持つことができる。

（2）ビッドステーキング

　競争の激しい買い手市場では、フリーランス人材は自分の保有するトークンを担保として提供することで目立つことができる。このトークンは請け負った仕事を完了できなかった場合に失うことになる（企業から見ると、トークンを賭けるほど自分のスキルに自信のある人材に映る）。

　また、仕事の発注側の企業もトークンを賭けることができる。このトークンは万が一、企業が予定通り仕事を進めなかった場合に、応募者に補償として支払われる。双方がトークンを賭けることによって需要と供給のミスマッチを解消することができる。

（3）キャリア開発

　Braintrust内のコミュニティ参加者が提供するソフトウェアやキャリアリソースなどのBraintrustコミュニティ限定の特典と交換できる。また、逆に「Braintrustアカデミー」という、より多くの収入を得るためのスキルアップ講座を受講することでトークンを稼ぐこともできる。

Braintrustの現状

　すでにBraintrustには6万人以上の人材が登録しており、人材の居住地は米国が約半分、残りの半分は米国以外の100カ国以上ということだ。時給は職種によって異なるが、全職種の平均は約100ドル（2021年）で、2020年から15％ほど上昇している。プロジェクトの平均日数は217日となっている。

　現在のところ、Braintrustで募集されている職種はソフトウェアエンジニア、プロジェクトマネージャー、UI/UXデザイナーなどのIT系の職種がメインとなっている。しかし、今後はコンサルティング、法律、会計、広告など、他分野にも広げていく予定である。いつ・どういった職種に広げていくかは、トークンの保有者による投票によって決められる。

　Braintrustのクライアント企業には、Nestlé、Porsche、Goldman Sacks、

図表5-2　クライアント企業に対する請求書リスト

■Braintrustでは、クライアント企業が支払っている費用はすべて公開され、透明性が高い。

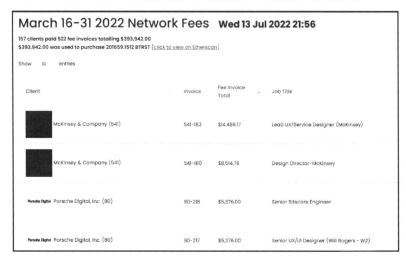

（出所）「March 16-31 2022 Network Fees」（https://fees.btrstinfo.xyz/）

NIKE、NASA、McKinsey & Company、Deloitteなどの名の知れた大企業が名を連ねる。もっとも、こうした企業はWeb3やトークンがどうこうというのは、ほとんど意識していないかも知れない。結果として良質な人材を獲得できさえすれば、それでいいのである。ただ、良質な人材がBraintrustに集まる理由は理解しておいた方がいいだろう。

　また、驚くべきことに、これらのクライアント企業が支払った報酬はある匿名の有志によってすべて公開されている（図表5-2）。

　たとえば、2022年3月16日〜31日の間に請求書が発行された、McKinseyが「リードUX ／サービスデザイナー」に発注したプロジェクトでは約1万4486ドルが支払われたことがわかる。想像してみて欲しい。既存のクラウドソーシング会社が各案件でいくら支払っているかを公開することがあるだろうか？　これこそがブロックチェーンをベースに運営されているWeb3プロジェクトの威力である。

Braintrustのトークンエコノミー

前述した通り、Braintrustはクライアント企業が法定通貨（ドル）で支払う手数料でBTRSTトークンを購入する。そのため、Braintrustで仕事を発注する企業が増えれば、トークンの需要が増え、トークン価格の上昇が期待できる。

重要なのは、トークンの供給は基本的にクライアントから受け取る手数料だけをベースにしているということだ。コネクターやフリーランス人材はトークンで手数料や登録料を受け取り、このトークンは仕事を発注する企業が増えたり、質の高い仕事をしたりすることで需要が増し、価値が上がる。そのため、コネクターや人材がネットワークを成長させる行動を取るインセンティブとなる。

仮にコネクターや人材に支払うトークンが、企業が支払う手数料で購入したトークンを上回った場合はBraintrust DAOの「トレジャリー」からトークンを支払うことになる。しかし、これは手数料で支払える範囲を超えて参加者がBraintrustの望む行動を取っていることを意味する。正しくトークンエコノミーを設計していれば、この場合のみ、トークンの供給量を増やせばよいということになる。

IoTのための分散型ネットワーク構築プロジェクト「Helium」

HeliumはP2P技術とブロックチェーン技術を使ってIoT（Internet of Things）デバイスのための無線ネットワークを構築しようというプロジェクトである。「LoRaWAN」という低コストかつ低消費電力で長距離データ通信を可能とするネットワークプロトコルを使用して実現しようとしている。

LoRaWANは無線局免許が不要で自前で基地局の設置ができる点が特徴で

ある。しかし、広範囲にネットワークを敷設するためには、基地局を一定間隔で建物や街灯などに幅広く設置しなければならない。設置するためには建物の所有者の承認を得る必要があり、非常に労力がかかる。そのため、ある程度の資本力がないと難しく、日本では一部の通信キャリアが商用サービスとして提供している。

　これに対し、Heliumでは個人宅にHotspotと呼ばれる基地局設備を設置してもらい、その対価として独自トークン「HNT（Helium Network Token）」を配布している。全世界の個人宅にネットワークの構築と運用に協力してもらうことにより、世界中にネットワークを張り巡らそうとする野心的な取り組みである。

　Hotspotは低消費電力の無線ルーターである。ユーザーはHotspotを購入して自宅や職場のWi-Fiに接続し、ネットワークを共有する。Hotspotは最大26kmまで伝送可能で、近くにあるHotspotと接続することによってLoRaWANと互換性のある独自のネットワーク（「LongFi」と呼ばれる）を構築できる。Hotspotは暗号資産のマイニング用ハードウェアとしても機能し、Hotspotを設置したユーザーにHNTトークンを付与する。

　トークンはほかの暗号資産と同様に取引所で売買可能であり、ユーザーは自分が設置したHotspotが利用されればされるほど、より多くのHNTトークンを獲得できる。Heliumプロジェクトは2019年に開始され、本稿執筆時点で90万以上のHotspotが設置されている。

次第に明らかになり始めた利用実態

　トークンをインセンティブとして、一般消費者に草の根的にHotspotを設置してもらい、IoTのためのネットワークを世界中に広げていこうというコンセプトはとても興味深い。実際、Andreessen HorowitzやGoogle Venturesなどの有名なベンチャーキャピタルがHeliumに出資していることもあり、事業は順風満帆だと思われていた。しかし、エンジェル投資家であるLiron Shapira氏のTwitter[注1]への投稿をきっかけにHeliumの将来性に疑問

符が付き始めている。そのツイートの内容をかいつまんで説明すると次のようなものだ。

- HeliumはすでにAndreessen Horowitzなどから3億6500万ドル（約493億円）の出資を受けている。
- 一般消費者はHotspotを設置するだけで稼げると期待してHotspotを購入した。Hotspotの売上は2億5000万ドル（約340億円）に達した。
- しかし、2022年6月のHeliumの売上はわずか6500ドル（約88万円）程度に過ぎない。
- オンライン掲示板「Reddit」によると、一般消費者が購入したHotspotは平均して400ドル（約5万4000円）〜800ドル（約11万円）で、初期投資を回収し、不労所得として月100ドル（約1万3500円）ほどの収入を期待していた。しかし、実際は月20ドル（約2700円）程度だった。
- しかも、この20ドルのうち、データ利用料はわずか0.01ドルでしかなく、残りの19.99ドルは参加者を増やすための出資金からの一時的な補助金とHNTトークンの相場による利益である。
- 一方で、Heliumを運営するNova Labs社は、一般投資家から1年で3億ドル（約405億円）も集めている。
- Heliumに対する需要があまりにも低いため、50万以上のHotspotが設置されたとしても収益は得られない。

　Heliumの利用状況については、米国のメディア「Mashable」「The Verge」が2022年7月に相次いで気になる記事を掲載している。具体的には、「長年Heliumの利用企業として同社のホームページトップにロゴが掲載されていた電動キックボードのシェアリングサービスで世界最大手のLimeと世界的なCRM企業であるSalesforceの2社が実際には利用していない」といった

（注1）https://twitter.com/liron/status/1551738599254773765

内容である。Limeの広報担当者はMashableの取材に対し、「2019年夏の
ごく短い期間にテストを行ったが、それ以外にHeliumと関係を持ったこと
はなく、現在も無関係である」と説明した。Salesforceの広報担当者もVerge
の取材に対し、「HeliumはSalesforceのパートナーではない」と回答して
いる。この記事が掲載された直後、Heliumのホームページから2社のロゴ
は削除され、現在も存在しない。

　LimeやSalesforceなどの有名な企業が使用しているなら将来性がある、
と期待してHotspotを購入して設置した一般消費者も多いと推測されるが、
実際には使っていないことが明らかになったのである。これでは消費者を欺
いたと批判されても仕方がない。

日本でも設置できるが将来性は疑問

　HeliumのHotspotは日本でも設置できる。ある会社（仲介業者）が無料
で端末を配布しており、消費者はこの会社のサイトで氏名やメールアドレ
ス、電話番号などを登録してアカウントを開設したあと、設置先の住所を登
録すれば準備は完了である。ただし、この会社は米国に存在するため、端末
は無料でも送料と関税は消費者側で負担する必要がある点には注意が必要だ
（現在は半導体不足の影響で端末の製造に時間を要しており、申し込みを済
ませてもすぐには送られてこない状況）。

　また、この会社を経由して申し込みをした場合、Hotspotを設置した消費
者に入る報酬は25％のみになってしまう。仲介業者は無料で端末を配布す
る代わりに、マイニングで得られる報酬をすべて管理しているためである。
実はこの会社自体、Heliumを運営するNova Labs社とは公式な提携関係は
なく、Nova Labs社と消費者の間に入り、端末を配布しているだけである。
そうしたリスクにも目を向ける必要がある。

　さらには、前述したように、「自分が設置したHotspotが利用されればさ
れるほど、より多くのトークンが付与される＝利用されなければ、トークン
は付与されない」という仕組みであるため、そもそも、IoT向けの

LoRaWANというネットワークサービスの将来性を精査する必要がある。米国での状況を見る限り、Hotspotの設置台数は増えているものの、企業ユーザーは増えておらず、2022年6月の売上はわずか6500ドルでしかない。

　日本においてもLoRaWANの商用サービスは2017年頃から開始され、2018年くらいまでは話題に上ることも多かったが、最近ではあまり聞かなくなってしまった。日本国内で利用可能な端末が少ないということもあり、広く浸透しているとはいいがたい。

　サービスの利用者が増えず、さらに仲介業者を経由することで消費者個人の懐に入るのは25％でしかないとなれば、多くの不労所得を望むのは期待薄と考えるのが妥当ではないだろうか。しかも、当初は無料で端末を配布するとしていたが、2021年12月から有償へと方針が変更された。

　これは仲介業者が無料で端末を配布しても、それを稼働させない人が一定数存在するための措置で、無料のままでは事業として成り立たないからである。仲介業者は本来、400〜800ドルもする端末費用を立て替えている。Heliumの利用ユーザーが増えれば、その報酬から端末費用を回収する目論見だったが、日本でのサービス展開が遅れている（現在は米国のみで、その後、カナダ、欧州の予定で日本はそのあと）こともあり、立て替え費用が膨らんでいくリスクを嫌ったものである。

　トークンをインセンティブとし、通信キャリアに代わり分散型でネットワークのカバレッジを拡大していこうとするHeliumのアイデアは面白いが、そのネットワーク自体に需要がなければ意味がない。こうした状況に業を煮やしてか、Heliumは現在、米国で5Gネットワークの敷設に着手している。

車両データの提供でトークンを獲得できる「DIMO」

　DIMO（Digital Infrastructure for Moving Objects）はドライバーが自分の車両データを継続的に提供することでトークンを獲得し、さらに車両の状態確認などができるスマートフォンアプリが利用可能になるプラットフォー

図表5-3　DIMOの概要

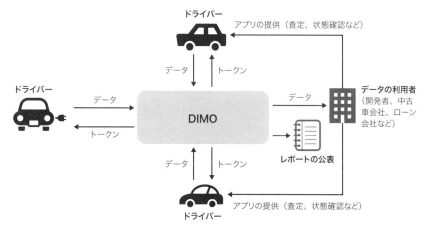

ドライバー

アプリの提供（査定、状態確認など）

データ　トークン

ドライバー

データ

トークン

DIMO

データ　トークン

データ

データの利用者
（開発者、中古
車会社、ローン
会社など）

レポートの公表

ドライバー

アプリの提供（査定、状態確認など）

(出所) 野村総合研究所

ムを提供している（図表5-3）。

　ドライバーはDIMOのデバイスを車に差し込み、データを提供すること
で、複数の保険会社に自動車保険の入札を募ったり、中古車会社に車の状態
や使用履歴に応じた査定額を算出したりしてもらうことが可能である。

　これまでも車両データはさまざまなシーンで利用されてきた。たとえば、
保険会社はドライバー1人ひとりの運転特性（運転速度、急ブレーキ／急ア
クセル、ハンドリングなど）に応じて保険料が増減する運転行動連動型の自
動車保険を提供したり、ディーラーは最適なメンテナンスのアドバイスを送
ったり、自治体は道路の保守点検業務の計画に活用したりといった具合だ。

　DIMOがこれまでと違うのは、ドライバーのデータを特定の保険会社やデ
ィーラーに囲い込まれることなく誰でも利用可能な「オープンデータ」にす
る点である。数年にわたってデータを収集することで、特定の車種の経年変
化を精緻に把握できるようになる。ユーザーの定性的な感想に基づくレビュ
ーサイトは存在しても、定量的なデータに基づく情報サイトは存在せず、実
現すれば価値が高い。

　DIMOが収集可能なデータには次のようなものがある。

図表5-4　DIMOが想定する車両データをもとにしたアプリケーションの例

アプリケーションの種類	概要
バッテリー・ インテリジェンス	EVのバッテリー性能のリアルタイムデータを自動車メーカー、バッテリーOEMなどに提供
使用履歴に基づく 評価額の算出	中古車の価値は車両の状態や使用履歴によって大きく変わるため、中立的で認証された車両データを中古車市場に提供し、ユーザーは自分の車の推定評価額を把握
状態診断	燃料消費量、オイルレベル、バッテリー状態、航続距離などをモニタリングするほか、オイル交換やタイヤ交換などの履歴を記録し、必要に応じてアラートを発出
スマート自動車保険	ドライバーの運転行動に関するデータをオープンに提供することによって、各保険会社は各ドライバーのリスクに応じた保険商品を提案
EV用電力の ダイナミックコントロール	電力会社は、地域の電力状況に応じた充電行動を促すため、EVのオーナーに報酬（トークン）を付与する

（出所）野村総合研究所

・バッテリーの充電状態、バッテリー管理システムの信号、セル電圧、バッテリーの健康状態など、特定のサブシステムに関する測定値
・走行距離、タイヤ空気圧などの一般的な車両データ
・天候データや位置情報（プライバシーを考慮し、ドライバーは位置情報を収集して欲しくないエリアを自分で設定できる）
・車両の速度、大まかな出発地と終了地、ブレーキ、発進、停止などのトリップ・データ

　これらのデータを利用すれば、バッテリーメーカーは各車の走行距離とバッテリーの残量データを収集し、製品の改良に生かすことができる。たとえばDIMOに接続しているTesla Model 3のデータだけを集約し、走行距離とバッテリーの経年劣化の関係を分析するといったことが可能になる。
　また、これらのデータをもとにしたアプリケーションとして、使用履歴に基づく中古車価格の設定や、地域の電力の逼迫状況に応じた充電行動を促すため、EV（電気自動車）のオーナーにトークンを付与するEV用電力のダイナミックコントロールなどが想定されている（図表5-4）。

ドライバーが獲得する報酬

　データを提供することによってドライバーが得られる報酬（トークン）は、DIMOのプラットフォームへの接続方式と需要の2つの要素によって変わる。

(1) 接続方式

　接続方式が異なれば、得られるデータの種類が異なってくる。DIMOでは前述した独自デバイス（ハードウェア）からデータを収集してDIMOのプラットフォームに送信する方式のほか、自動車メーカー各社のコネクテッドサービスの契約ユーザーを対象にDIMOのスマートフォンアプリを使用して、API接続する方式（ソフトウェア）も用意している。後者の場合は取得・送信できるデータ量が前者に比べて少なくなるため、付与される報酬は少なくなる。

(2) 需要

　データの価値は需要に応じて動的に変化するため、得られる報酬もそれによって変動する。DIMOではサービスの展開フェーズによって獲得できるトークンを変える予定である。

　まず、サービス開始当初はデータの利用者（アプリケーションの開発者）がほとんどいないと想定される一方で、ユーザーからはデータを収集する必要があるため、DIMOと接続されている期間（時間）や車種、データの種類に基づいて自動的に報酬が決まるようにする。

　たとえば、半年よりも1年、1年よりも2年と接続期間が長ければ長いほど報酬は増える。これは、バッテリーの劣化状況など車両パフォーマンスの経年変化を観察することに大きな意味があるからである。また、データの種類の観点では、メーカーが数百億円かけて開発したバッテリーやバッテリーマネジメントシステムを搭載した新型EVのデータの価値を高く設定してい

る。最新であるために改善の余地も多分に残されており、実際の使用に基づくデータはメーカーの需要も旺盛であると見込んでのことである。

本来であれば、実需に応じてデータの価値は決まるが、データの利用者がいない状況では難しい。そのため、まずはユーザー数を増やすことを優先した格好である。Heliumが自宅にHotspotを設置したユーザーにトークンを付与するのと同じ考え方である。

その後、DIMOに接続する車が増えたタイミングで実需に応じた報酬を予定しているが、本稿執筆時点では詳細は明らかになっていない。どのような車種やデータにニーズがあるのかは、実際にサービスインしてからでないとわからず、また、時間の経過とともに変化していくため、運用しながら決めていくことになる。

DIMOの課題

日本では各自動車メーカーが提供している、いわゆる「コネクテッドサービス」の契約時にユーザーからデータ提供の同意を取り付けているのが一般的だ。言い換えれば、ユーザーはデータ提供に同意しないとコネクテッドサービスを使用できない（こうした点はWeb2.0的だといえるかも知れない）。そのため、コネクテッドサービスを使用しているドライバーは自動車メーカーにすでにデータを提供している。そして、その対価として渋滞情報の提供や緊急時に車両の位置情報などを自動送信し、迅速な緊急車両の手配などの恩恵を受けているといえる。

しかし、金銭的な見返りは一切なく、その点では車両データを提供する見返りに報酬としてトークンが付与されるというのは斬新である。すでにメーカーに収集されているデータであれば、DIMOに提供する心理的な障壁は低いだろう。

問題はDIMO経由でドライバーが提供するデータを誰が必要とするかである。もちろん需要はあるが、すでにコネクテッドサービス経由で収集しているデータ以上の価値を見出せるかどうかがポイントになる。DIMOはドラ

イバーから提供を受けたデータを利用し、燃料残量や走行距離、タイヤの空気圧などの把握ができるスマートフォンアプリをリリースしているが、トヨタ自動車などメーカー各社がすでに提供しているアプリと大差ない。EVのバッテリーデータも自社の車のデータであれば難なく収集できるだろう。

つまり、メーカーと同じ土俵で戦っては分が悪いため、メーカーの垣根を越えてリアルタイムにデータ収集できるといった利点を生かすことが必要になってくる。その点、中古車会社がドライバーにリアルタイムの査定結果を提示したり、業界団体やメディアなどを対象に各種データを提供したりするというのが現実的であろう。

すでにDIMOは「EVとガソリン車の使用傾向の違い」として、「ガソリン車の自宅からの平均移動距離が55.5kmに対して、テスラ車の場合は72.5kmとEVの方が長距離である」といったレポートや、「OTA（Over the Air）ソフトウェアアップデートのパフォーマンス」注2 として、車種ごとのAPIの応答時間の違いなどを分析したレポートを公表している。これらのレポートは業界団体やジャーナリストにとっては非常に価値が高く、また、「車両データを誰でも利用可能なオープンデータにする」というコンセプトには大いに賛同できる。

ただし、現時点ではドライバーが対価として付与されるトークンの用途が明確になっていない点でトークノミクスの設計には甘さを感じる。DIMOでは、ガバナンスに関与できたり、DeFi的な用途を例示したりしているものの、ユーザーにとって魅力ある用途が提案されているとはいいがたい。本稿執筆時点ではメインネットのリリースに向けた準備段階にあるため、今後の検討の深化に期待したいところである。

(注2) OTAとは無線通信を経由してデータを送受信することを指し、車載プログラムのアップデートなどで活用されている。

サイエンス業界を変革する？「DeSci」

　DeSci（Decentralized Science：分散型サイエンス）は、研究開発資金の調達方法や知識の共有方法など現代のサイエンス業界が抱える課題をブロックチェーンやWeb3で解決しようとする新たなムーブメントである。

　権威あるサイエンス雑誌『Nature』と、ベンチャーキャピタルのAndreessen Horowitzが、2021年12月から2022年2月にかけて相次いで神経科学者でスタートアップの共同創設者でもあるSarah Hamburg博士のDeSciに関する 記事を掲載したことがきっかけで注目を集めている。

　DeSciが登場した背景には、バイオや製薬などのサイエンス業界の研究者が抱えている次のような課題がある。

（1）研究開発資金の調達の難しさ

　研究開発を主導する科学者にとって資金調達は長年の大きな問題であり、国などに対する助成金の申請提案書の作成に多くの時間を費やしている。資金調達の成功の可否は、科学者が発表した研究成果を定量化するh指数（h-index）[注3]のような指標との関連が深い。この指標に大きな影響を及ぼすのが、『Nature』のようなサイエンス雑誌への論文投稿と採択である。特に評価の難しい初期ステージの研究プロジェクトでは、こうした権威あるサイエンス雑誌に論文が掲載されるかどうかが大きなカギを握る。

（2）出版社への権力の集中

　権威ある学術誌に掲載されることは助成金の採択の成否だけでなく、研究者の格付けとしても機能しているため、研究者はいかにして自分の書いた論文が掲載されるかに心血を注ぐようになる。では、論文が掲載されるにはど

（注3）h指数とは、「発表した論文のうち、被引用数がh回以上ある論文がh本以上あることを満たす最大の数値h」を指す。

うすればよいのか。一般的に学術出版社は「地味だが社会に役立つ基礎研究」よりも、「人々の興味を惹くセンセーショナルな研究」論文を好んで掲載する傾向にあるといわれる。その結果、研究者が選択する研究テーマにも偏りが出るという弊害をもたらす。

　問題はそれだけではない。こうした有名なサイエンス雑誌を発行している学術出版業界は寡占化が進んでおり、Elsevier、Springer Natureなどの大手5社でシェア50％以上を占め、さらに高い利益率が特徴である。たとえば、3000を超える学術雑誌を発行している最大手のElsevier の市場シェアは約16％で、利益率は40％に迫る。考えてみれば、一般的な雑誌と異なり、サイエンス雑誌のコンテンツ（＝論文）制作は研究者の給与でまかなわれており、クオリティ管理とファクトチェックは「査読」という名のもとで外部の研究者がボランティアで行っている。デジタル化が進む現代社会においては、紙の印刷費用さえも不要になり、出版社側のコストはほとんどかからない。

　高利益率の理由はそれだけではない。研究者はほかの研究者の論文を読むためだけでなく、論文を書いて投稿して採択されると、高額な掲載料が必要になるのだ。論文1本につき、数十万円、雑誌によっては100万円以上かかるケースもある。年間に複数の論文が掲載されるとそれだけで数百万円もかかることになり、購読料と合わせると研究費用よりも出版社に支払う費用が上回るケースさえある。一般的な雑誌であれば、コンテンツの制作者には原稿料が支払われるのが通例だが、まったく逆の構図になってしまっている。

（3）オープンサイエンスの弊害

　研究者が学術誌への掲載を目指す理由はほかにもある。2000年代初期から始まった「オープンサイエンス」運動である。税金に支えられた研究、つまり政府の助成を受けている研究は無料で一般に公開されるべきだと考えられ始め、その受け皿として学術雑誌がクローズアップされることとなった。

　しかし、多くの研究者は自分たちの研究成果がグローバルな公共財として多くの人たちの役に立つことを望んでいるにもかかわらず、大手の商業出版

社が作り上げた今日の仕組みは、そうはなっていない。出版社側が掲載の決定権と著作権を持っていて、研究者自身はそのどちらもコントロールすることができないのだ。

　つまり、「科学の研究成果は公共財」だと考えている研究者は、一部の大手出版社が「多額の資金がなければ、研究成果は閲覧も公開もできない」ようにしている現状を変えなければならないという問題意識を持っている。オープンサイエンスは結果的に大手出版社に権力を集中させることになったともいえる。

(4) 一企業に囲い込まれる知財

　運良く助成金が獲得できて、研究を進め技術特許を取得できた場合、民間の製薬会社などに買収されることが多い。これは研究者にとっては大きなマネタイズ手段になる一方で、研究成果がクローズドなものになることを意味する。企業にとっては大金をはたいて買収した研究成果を外部と共有するインセンティブはなく、基本的には1社で独占使用する傾向にある。研究の初期段階は国民の税金で行われているにもかかわらず、企業が知財を買収した途端、研究成果は公共財とはならず、一企業の私財となる。

　その結果、情報を持たない外部の研究者は公開されている情報を断片的につなぎ合わせて研究開発を進めざるを得なくなる。

Web3による解決

　DeSciはこのような課題を解決するために誕生した。ブロックチェーンやトークンなどのWeb3の仕組みを利用して研究開発資金の調達を容易かつ、持続可能なものにし、研究成果に誰でもアクセスできるようにすることと、大手出版社や製薬会社のような利益追求型の仲介業者への依存を排除することを目的としている。GAFAのような巨大テック企業のアンチテーゼとして生まれたWeb3と相性が良いといえるだろう。

　具体的には次のように課題解決を図ろうとしている。

(1) ブロックチェーンベースの資金調達モデル

　DeSciでは、研究プロジェクトにおける技術特許をNFT化し、投資家だけでなく一般消費者などにも販売することによって研究開発資金を調達する「IP-NFT」が提案されている。このNFTは技術特許を丸ごと1つのNFTとして販売するのではなく、たとえば100分割して提供し、NFTの保有者は全員で技術特許を保有することになる。

　似た仕組みとしてクラウドファンディングがあるが、IP-NFTであれば単なる寄付ではなく、知財の一部を保有することで、成功した場合には経済的なメリットも還元される。

(2) 査読者に対するインセンティブ

　査読は論文の品質管理の観点で欠かせないプロセスである一方で、査読者に対する適切なインセンティブがない。非常にコストがかかるにもかかわらず、報酬を得られないだけでなく、正式な成果として学術界から認められていない。

　この問題を解決するために、査読者にトークンやNFTの形で報酬を与えると同時に、信頼と評判を築くブロックチェーンベースのインセンティブシステムが提案されている。たとえば「Ants-Review」と呼ばれるスマートコントラクトは、論文の著者と査読者を直接仲介し、査読者には報酬としてトークンが与えられる。要件が満たされている場合、査読は承認され、査読品質の評価結果に応じて報酬が支払われると同時に、査読者の「信用スコア」がブロックチェーン上に記録される。Ants-Reviewでは倫理的な行動を推進するために、コミュニティ全体で査読結果を評価し、投票可能なメカニズムが実装されている。

(3) 科学コミュニティへの貢献に対するインセンティブ

　査読のほかにも、生データや高次元データなどさまざまな種類のデータを共有してくれたり、プレプリント（査読前論文）の品質向上に役立つような貢献をしてくれたりした人に対するインセンティブとしてトークンやNFT

を付与することも想定されている。

　インセンティブの大小をコミュニティの投票によって決定できるようにしておけば、透明性が高く、かつコミュニティのエンゲージメントも高まることが期待できる。

(4) 検証可能な評価（NFTなどを用いた論文以外の研究者の評価方法の確立）

　前述した通り、研究者の評価と資金調達能力は、権威ある学術誌への論文の掲載に大きく依存している。しかし、ブロックチェーンを使えば、査読やメンタリング、データのオープンな共有など、研究コミュニティが価値を見出すほかの活動によってNFTを獲得し、そのNFTの内容が「デジタルレピュテーション」として機能するようになる。

　また研究者だけでなく、学生も文献レビュー、データクリーニング、分析など、従来学位論文で行われていた作業を含むコミュニティの作業に参加することで、学びながらデジタルレピュテーションを構築し、さらに報酬も得られるようになる。

VitaDAO

　DeSciの実現を目指すプロジェクトの多くはDAOとして運営されている。資金調達や査読、インセンティブの提供など、科学研究における特定のプロセスを対象にしたDAOのほか、バイオテクノロジーやライフサイエンス、環境科学などの特定の分野に焦点を当てたDAOがある。中でもバイオテクノロジーがリードしており、VitaDAO、PsyDAO、Phage Directory、Lab-DAO、SCINETなどが有名である。ここでは、老化克服や寿命延長を目的とした長寿研究に焦点を当てているVitaDAOを紹介する。

　VitaDAOは医薬品開発コミュニティであるMoleculeが運営するDAOの一つで、ステークホルダーに対するインセンティブ設計を再構築することで、研究開発資金の不足やコラボレーションの欠如といった課題を解決し、長寿研究における新しいビジネスモデルの構築を目指している。

図表5-5　VitaDAOの仕組み

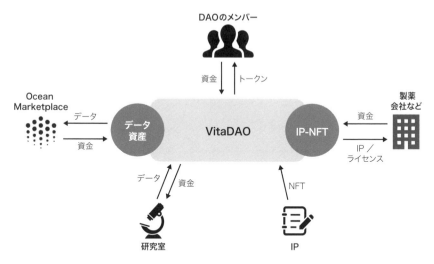

（出所）VitaDAOのホワイトペーパーをもとに作成

　長寿研究ではレイターステージの研究への投資は比較的進んでいるものの、初期段階の資金が著しく不足している。これは商業化までにかなりの時間を要すると考えられるためで、ファンドの運用期間が約10年間と決まっている通常のVCからの資金調達が難しいからである。

　VitaDAOは期限に縛られず長期的な投資を行うことを目指し、特に初期段階の資金提供に重点を置いている。具体的には次のような手段でこれまでの課題解決を目指している（図表5-5）。

（1）IP-NFT

　VitaDAOでは研究プロジェクトへの出資条件として、プロジェクトで生み出されたIPをVitaDAOが保有することを求めている。そして、このIPをNFT化したIP-NFTを製薬会社などに貸し出したり売買したりすることで、売却益や取引手数料などを得る仕組みとなっている。かつて、金を通貨の価値基準とする金本位制という仕組みが存在したが、VitaDAOは「知財本位

制」を目指している。

(2) データ資産の活用

　VitaDAOが出資した研究プロジェクトで、DNA発現などの大規模な実験データが得られる場合がある。このデータをライセンス契約に基づき貸し出したり、売却したりすることで、資産価値が出ることがある。VitaDAOはOcean Protocolが提供する「Ocean Data Market」というデータ取引プラットフォームとの提携によってデータを安全に販売したり、ライセンス利用したりできるようにしており、DAOの運営費に充てることができる。

(3) VITAトークンの発行

　VitaDAOでは、「VITA」と呼ばれるトークンを発行しており、資金や研究開発データ、IPを提供したり、VitaDAOに対して何らかの貢献をしたりすると付与される。VITAの保有者はDAOメンバーとなり、その保有数に応じて次のような権利を得られるようになっている。

　　・VitaDAOのリソース展開に関する決定権
　　・VitaDAOが生成または所有する研究開発データおよびIPを誰に提供して、どのように商業化するか決める権利
　　・VitaDAOの特定の研究開発データやIPにアクセスする権利

世界初のIP-NFTを用いた研究資金調達

　VitaDAOは2021年7月からファンディングを開始し、最初に資金調達に成功したのはコペンハーゲン大学のScheibye-Knudsen准教授の研究室の健康寿命を延ばす化合物候補を検証するプロジェクトであった。
　このファンディングでは、まずVitaDAOがScheibye-Knudsen研究室のIP-NFTの購入を提案し、VITAトークンを保有するDAOメンバーの投票によって25万ドルのファンディングが決定された。VitaDAOから研究室への

資金の支払いが完了したあと、プロジェクトは開始され、研究室からデータ資産の提供が行われ、DAOのメンバーはデータの利用方法を決定し、データ資産の商品化を進めるといった流れである。

　長寿研究によって仮に寿命を10年でも延ばすことができるようになれば、全世界の人々が恩恵を受けることができる。一企業によって研究成果が囲い込まれることなく、誰でも研究開発を直接的に支援し、さらにIPの一部を保有できるDeSciの仕組みは斬新であると同時に社会課題の解決に役立つ画期的なスキームである。Web3というと、投機的な面に目が向きがちであるが、こうした現実世界の課題解決に資するプロジェクトにもっとスポットライトが当たってもよいだろう。

第6章

Web3を支える
トークノミクス

　「トークノミクス」はトークンとエコノミクスを組み合わせてできた造語であり、トークンの経済性を把握するための用語である。トークンの作成と配布、需要と供給、インセンティブメカニズム、トークンの燃焼スケジュールなど、トークンの使用と価値に影響を与えるさまざまな要素が含まれる。

　DeFiやGameFiなどWeb3プロジェクトのほとんどは、独自トークンを発行している。トークンはユーザー、開発者、投資家などネットワークの参加者に対するインセンティブと捉えることができる。トークノミクスは2008年のビットコインに始まり、2014年のイーサリアムの導入で加速し、さらにWeb3時代に続々と登場しているさまざまなプロジェクトを支えている。

　参加者に付与されたトークンは、そのプロジェクトが提供するサービスの利用料を支払うために使われたり、あるいはプロジェクトの運営上、重要な意思決定についての投票権として利用されたりする。このような特定のコミュニティやサービスなどを利用する際の権利や機能を有する実用性のあるトークンを「ユーティリティトークン」と呼ぶ。そして、その中でもプロジェクト内での投票権の機能を持つトークンは「ガバナンストークン」と呼ばれる。トークンには、金融商品としての性質を持つ「セキュリティトークン」やNFTなどもよく知られているが、本章では主にガバナンストークンを含むユーティリティトークンを対象とする。

　「トークンネットワークは、ネットワークの参加者が、『ネットワークの成長とトークンの価値上昇』という共通の目標に向かって協力し合うように調整されている」

　前出のベンチャーキャピタルAndreessen Horowitzでゼネラルパートナーを務めるChris Dixon氏は、2017年のブログでこのように綴っている。

　トークノミクスのアイデアは、1972年にハーバード大学の心理学者B.F. Skinner氏によって最初に提唱されたとされる。彼は、トークノミクスのモデルがユーザーの行動をコントロールできると信じ、認識可能な価値の付与が前向きな行動を取るインセンティブになると考えたのである。

　Web3プロジェクトが成功するためには、トークノミクスが適切に設計されていることが不可欠であり、投資家やステークホルダーにとっても参加を決める前にプロジェクトのトークノミクスを評価することは非常に有用である。

トークノミクスの設計

　成功するプロジェクトのトークノミクスでは、トークンの価値がプロジェクトの成長と連動するようにデザインされている。運営サイドは後述するさまざまなインセンティブの提供によってユーザーの行動をコントロールしようとするが、トークンの価値がプロジェクトの成長と連動することで、ユーザーを「自分の取った行動が結果的にトークンの価値の上昇につながっている」というポジティブフィードバックに誘導できる。これは中央集権的なプロジェクトと異なり、自分の取った行動の正当性を判断してくれる主体が存在しないWeb3プロジェクトでは特に有効である。

　もう一つ、トークノミクスの設計で肝になるのが、需要と供給のコントロールである。たとえばトークンの需要が増加し、存在するトークンが少なければ価格は上がるが、それ以上にトークンが供給されると価格は下がる。供給が増える要因は発行量の増加と売り圧が買い圧より大きい場合である。

　成功するプロジェクトは、需要と供給をコントロールし、エンドユーザー、コア開発者、投資家などネットワーク内のすべてのステークホルダー間でインセンティブを調整し、トークンを適切なタイミングで適切に配分する効率的なメカニズムを備えている。

　これは中央銀行による金融政策と似ている。つまり、中央銀行が法定通貨をコントロールするために金融政策を適用するように、トークノミクスでも、何らかのポリシーを適用し、トークンの需給をコントロールする必要がある。このポリシーはWeb3プロジェクトの成功の可否を握るため、深く考えずに設計してしまうとプロジェクトは失敗することになる。ルールはスマートコントラクトとして実装され、変更するためには多くのネットワーク参

加者からの同意が必要になるため、非常に困難である。

供給サイド

　実際にトークノミクスの設計を行う際には、供給戦略が重要になる。どのようなスケジュールでトークンを供給していくのか（トークンの供給は増加していくのか、減少していくのか？）。それは保有者の投票によって決定されるのか、それとも初めから決まっているのか。初めから決まっている場合、供給量が決まっているのか。それとも供給量を決める数式が決まっているのか、といったことである。

　まず、トークンの初期供給量については、少なくし過ぎると希薄化する（価値が下がる）リスクが高くなる。たとえば、初期供給量が最大供給量の10％の場合、残りの90％を順次供給していくことになる。そうすると希少性が薄れていき、初期の投資家にとっては資産価値が減っていくことを意味する。逆に初期供給量が90％の場合、その後の供給による希薄化が少なくなり、値上がりへの期待から保有し続けるインセンティブが生まれることになる。

　ただし、過度に多くし過ぎると、需要が増えた場合にトークンの供給が不足してしまう恐れがあるため、適度なバランスが求められる。

　初期供給量を決めたあとは、トークンの供給が増加していくのか、減少していくのかという経済モデルの決定が必要になる。トークンの経済モデルには、「デフレ型」と「インフレ型」に加えて、その2つを組み合わせた「ミックス型」がある。

デフレ型

　BTC（ビットコイン）、BNB（バイナンスコイン）などデフレ型トークンは、トークンの供給量に上限（最大供給量という）が設定されているもので、ト

ークンの供給は時間の経過とともに減少していく。ただし、最大供給量自体はそれほど重要ではなく、多過ぎても少な過ぎても良くないという程度である。あまりに度を過ぎた数字だと投資家が敬遠するという側面があり、実際、最大供給量が10万以下や1兆以上のトークンはほとんど存在しない。たとえば、BTCの最大供給量は2100万、BNBは2億に設定されている。

　デフレ型ではトークンの供給を抑制し、需要と供給のバランスを調整する仕組みを加えることによって、急激な価格崩壊を防ぐことが必要になる。実装方法には買戻しとバーンという2つの方法がある。

(1) 買戻し

　トークンの買い戻しは企業の「自社株買い」と同じである。自社株買いはその名が表す通り、企業が自社の株式を自らの資金で買い戻すことである。自ら株式を購入することで発行済み株式数が減少し、1株あたりの価格が高くなる。買い戻した株式を焼却（無効化）するかどうかは企業側の判断に任されており、「金庫株」として株式のまま自社で保有するケースもある。

　トークンの場合、トークンを発行した企業や組織がトークンを買い戻し、その後、バーン（後述）するか、トレジャリー（DAOが保有しているトークンなどの資産をプールしておく場所）に保管するかはプロジェクトによって異なる。この点でも自社株買いと非常に似ている。

(2) バーン

　バーン（Burn＝焼却）は特定の数のトークンを流通から永久に取り除くことを意味する。市場に流通するトークンの数が減って希少性が高まると、理論的には価格は上昇する。

　バーンには定期的なバーンと手数料バーンの2つの方法がある。定期的に行われるバーンは焼却されるトークンの数によって供給ショックをもたらし、価格を押し上げる効果がある。たとえば、Binanceでは、BNBトークンのバーンを四半期ごとに行っており、2022年7月に行われた通算20回目となるバーンでは、600億円相当の約195万BNBが焼却された。

　手数料バーンはネットワークの利用状況に応じて、各トランザクションの取引手数料の一部を燃やすことによってトークンを供給から取り除くものである。バーンする数量が発行数量を上回れば、生成されるトークンの数が減ることになり、デフレ効果が期待できる。ETH（イーサリアム）は2021年8月に行われた大型アップデート「ロンドン」で手数料の一部をバーンする機能を導入している。

　バーンにはトークン価格を上昇させる効果があるため、一般的に用いられているものの、多くのWeb3プロジェクトが成長余地を残した初期段階にあるため、トークンを燃やし過ぎると将来的にトークンの供給が不足してしまう恐れがある。買い戻しは価格にプラスの影響を与えるが、バーンは新しい価値を生み出すのではなく、現在の価値を少数の人々に再分配するだけという見方もある。

　では、どうすればよいのか。バーンする代わりに、集めた手数料をトレジャリーに保管し、プロトコルに貢献した人やネットワークに価値を生み出した人などに配布し、さらなる成長のインセンティブとして使うことが提案されている。

　デフレ型は一般に設計が簡単であるため、新規プロジェクトの多くでデフレ型モデルを選択する傾向がある。供給を少なくしていけばいいため、時間の経過とともにトークンの価値を高めることが容易になる。

インフレ型

　インフレ型トークンにはETH、SOL（ソラナ）、DOGE（ドージコイン）などがあり、供給量の上限がなく、時間の経過とともに供給量が増えていく。一般的には希少価値がないため、トークンの価値を向上させるのが難しい。インフレ型には固定スケジュールでトークンを供給するもの、非線形関数を使用して供給していくものなどがある。

　たとえば、有名なインターネット・ミームである「ドージ（Doge）」の柴

犬をモチーフとしたDOGEの本稿執筆時点での発行量は1370億を超えているが、さらに毎年約52億が発行される予定である。

　ソラーナブロックチェーンの独自トークン「SOL」の場合、初年度はインフレ率（発行残高の増加率）8%から始まり、毎年一定の割合で低下させていき、最終的には1.5%で固定されるように設計されている。

　適度なインフレ率はユーザーの拡大をあと押ししたり、参加者にインセンティブを与えたりする上で有効である。ただし、どの程度のインフレ率が適切なのかを見極めるのは簡単ではない。たとえば、プロジェクトの成長速度より速いインフレ率にしてしまうと、大きな売り圧につながる。まず任意のインフレ率を設定し、売り圧力が高ければ慎重に下げていくなどして、適切なインフレ率となるように試行錯誤を繰り返す必要がある。

　年率100%といった非常に高いインフレ率を設定するプロジェクトもあるが、あまりに供給過剰になるとトークンの価格だけでなく、トークン保有者のモラルにも影響を及ぼす。一定期間、トークンを売却したり譲渡できなくしたりするロックアップ期間なしに、高過ぎるインフレ率を設定することは得策ではない。成功しているプロジェクトはインフレをうまく管理している。

　一方、トークンに十分な流動性を持たせることも重要である。ユーザーがサービスを使用したい時に、適切な価格でトークンを購入できるように、十分な流動性が確保されている必要がある。

ミックス型

　実際には多くのプロジェクトで、デフレ型とインフレ型を組み合わせたミックス型が採用されている。インフレ型を基本として、バーンなどのデフレのメカニズムを取り入れていることが多い。

　たとえば、ETHはインフレ型ではあるが、潜在的にデフレになるようにバーンによって調整されており、結果としてトークンの循環供給量が1億から2億の間になっている。

　前述したSOLも、取引手数料の何％かがバーンされる（取引スループットに依存する）ようになっている。1秒あたりの取引量が十分であれば、バーン率は年間1.5％以上に達し、最終的にはデフレになる。

　逆に、ドージコインはこうしたバーンの仕組みが実装されていないため、インフレによって価格が低下するリスクは高いといえる。

　一方、YFI（ヤーンファイナンス）はデフレ型であるが、インフレを取り入れており、ローンチされた際、最大発行上限が3万と設定されていたが、コアな開発者とコントリビューターにインセンティブを与える目的で、さらに6666トークンを追加で発行することを決めた。これはYFIトークンの保有者で構成されるコミュニティでの投票によって決定された。

資金調達

　プロジェクトが立ち上がり、トークンの発行が行われると、創設者チームや初期ステージの投資家などのステークホルダーに割り当てられる。そして、その後の資金調達では、一部の個人投資家やベンチャーキャピタルなどを対象にしたプライベートセールやプレセール、さらに「IDO」や「IEO」などのパブリックセールが行われる。プライベートセールやプレセールでは、ローンチ時のトークン価格よりも大幅に割り引かれていることが多いが、売却に関して制限があることが多い。

　IDOは「Initial DEX Offering」の略で、DEXで暗号資産を発行して資金調達を行うイベントである。IEOは「Initial Exchange Offering」の略で、DEXではなく、CEXを介した資金調達方法である。

　IEOでは新規に発行される暗号資産やプロジェクトの内容の審査を取引所が行い、審査を通過した銘柄だけが資金を調達できるため、信頼度が増す反面、審査があることでトークン発行者の参入障壁が上がる。そのため、現在ではIDOを利用するプロジェクトが多くなっている。これらの方法を活用してトークンを販売する場合は、分散性を確保するために、ウォレットごとに購入できるトークン数に上限を設けるなどの工夫が必要になる。

　なお、2017年頃にはICOがブームとなった。ICOでは暗号資産の発行者と投資家が直接取引する。審査がないため参入しやすく、取引所に上場する前に安く購入できるため、上場後の価格高騰を期待する投機筋によって多くの資金が投入された。しかし、資金調達後に音沙汰がなくなったり、調達した資金を持ち逃げしたりするなどの詐欺的な行為が横行して被害が続出した。その結果、2018年に入るとICOへの信用度は急落し、資金調達の方法としては使われなくなった。

　海外ではSAFT（Simple Agreement for Future Token）と呼ばれる資金調達方法も使われている。その名の通り、将来発行されるトークンを割安で購入できる権利と引換に資金を調達する方法であり、Uniswap や Compoundなど、多くのプロジェクトがSAFTで資金を調達している。SAFT では、トークンをローンチする前に資金調達ができ、プロジェクトの開発資金に充てられるというメリットがある。

　また、IDOやIEOでは、トークンの購入者がプロジェクトの成長にあまり貢献せずにトークンを売却してしまう可能性があるが、SAFTではロックアップ期間やベスティングスケジュール（後述）を決め、投資家と契約書を交わすことによって、意図せぬ売却を防ぐことができる。

　この契約書には、トークン価格、出資額、トークン発行量といった投資条件も記されている。ほとんどのプロジェクトは投資家と話す前からトークン発行量を決めており、そのうちの何％分をIDO/IEOする前の資金調達で投資家に渡すかを定めている。

トークンアロケーション

　発行したトークンを誰が受け取り、どのように分配するかを決める「トークンアロケーション（割り当て）」は、トークンの認知度とパフォーマンスに大きく影響するため、重要な決定事項の一つになる。アロケーションには正解があるわけではなく、その傾向は年々変化している。図表6-1に、2017年〜2022年までのステークホルダーごとのトークンの割り当てを示

図表6-1　ステークホルダー別のトークンの割り当ての推移（2017年〜2022年）

■パブリックセールへの割り当てが激減しているのに対し、コミュニティへの配分が大幅に増加している。

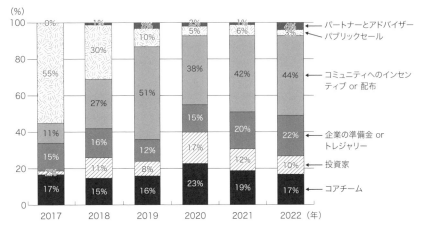

（出所）https://www.liquifi.finance/post/token-vesting-and-allocation-benchmarks をもとに作成

す。

　2017年と2022年を比較すると、最も大きな違いはパブリックセールとコミュニティへの割り当てである。パブリックセールが55％から3％に極端に減少しているのに対して、コミュニティへの割り当ては11％から44％へと大幅に増加している。また、投資家への配分も2％から10％へと増加している。

　ICOに代表されるパブリックセールは前述した通り、2017年がピークでその後は当局による規制強化もあり次第に減少していった。ICOに代わり、IEOやIDOが登場したが、実際はあまり支持されていないことがわかる。

　一方、コミュニティへの配分を多くすることは、なるべく多くのステークホルダーにオーナーになってもらうというWeb3のコンセプトに合致する。また、エンゲージメントも高められるため、理に適っているといえるだろう。コアチームへの配分は2017年、2022年ともに17％となっており、変化していない。

ロックアップとベスティング

　初期の投資家やベンチャーキャピタルなどを対象にした売却に関する制限の代表的なものとして、「ロックアップ」と「ベスティング」がある。

　ロックアップとは一定期間、トークンを売却したり譲渡できなくしたりすることである。所有するトークンをすぐに売られてしまうとインフレを起こし、価格崩壊を引き起こしかねない。そのため、ロックアップ解除のタイミングと割合は非常に重要である。

　2017年頃はロックアップ期間を設定することはほとんどなく、供給過多と需要不足が発生し、価値の維持は難しかった。しかし、現在では2〜3年程度のロックアップ期間を設定するのが一般的になっている。ロックアップ期間が長過ぎると投資家は敬遠してしまうため、トークンの価値を保護することとのバランスを取る必要がある。

　ロックアップ期間の対象となるトークンの一部は、前述したIDOなどのトークン配布イベント前に確保される。トークンの最大流通量の約20〜25％程度とするケースが多く、創設者チームや初期ステージの投資家などのステークホルダーに割り当てられる。割り当てられたトークンはロックアップされ、「ベスティング期間」と呼ばれる一定期間経過後、ステークホルダーに譲渡され、権利が確定する。この一連のプロセスがベスティングである。

　ベスティング期間は通常、3〜6年程度のことが多いが、トークン保有者の属性によって異なる場合がある。初期フェーズの投資家は2年前後、コアチームは通常3〜4年前後で設定されることが多い。この期間中、トークンはあらかじめ設定された間隔で順次リリースされる。間隔を均等にすることによって、売り圧力を軽減することができる。

　ベスティング用に指定されたトークンは、通常、スマートコントラクトを使用してロックアップされ、スマートコントラクトに記述された一連の条件が満たされると、トークンの所有権が譲渡される。

プロジェクトの種別によるアロケーションの違い

　トークンの割り当てはDeFi、ゲーム、インフラといったプロジェクトの種類によっても大きく異なる（図表6-2）。

　DeFiとゲームはそれぞれ固有のニーズがあるため、コミュニティへの割り当てが多くなっているのが特徴である。たとえば、DeFiの場合、プロジェクトを円滑に開始するために流動性と資本を必要とする。そのため、初期段階のTVLを増やすためにコミュニティメンバーに多くのインセンティブを与え、流動性プロバイダになってもらうことが一般的な戦略である。ゲームの場合は、プロジェクトの成否がプレイヤーやゲーマーの数に大きく依存するため、コミュニティへの割り当てを多くすることで、プレイしてもらうインセンティブにしている。

　一方、インフラプロジェクト（ENS[注1]、Radicle[注2]、API3[注3]など）で

図表6-2　プロジェクトタイプ別のトークンの割り当ての違い（2022年）

■DeFiとゲームではコミュニティへの配分が多い一方、インフラのプロジェクトではコアチームやトレジャリーへの配分が多くなっている。

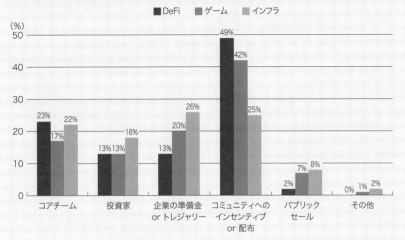

（出所）https://www.liquifi.finance/post/token-vesting-and-allocation-benchmarks をもとに作成

は、コミュニティの育成よりは優れたプロダクトの開発が優先されるため、コアチームのメンバーやトレジャリーに多くのトークンが割り当てられている。

需要サイド

　供給だけでなく、需要サイドの設計も忘れてはならない。いくら供給を少なくしても、そのトークンに対する買い手側の需要がなければ、価格は維持できない。簡単に言えば、「人々は何のためにトークンを購入するのか」が明確になっている必要がある。具体的には、需要を押し上げる要素として「実用性」「インセンティブ」の2つに、「コミュニティ」を加えた3つが挙げられる。

（1）実用性

　ブロックチェーンネットワーク上でスマートコントラクトを実行するために必要なガス代やブロックチェーン上に構築されたNFTゲームをプレイする際に発生するガス代の支払いなどが該当する。供給量の上限がないETHの価値が安定している理由の一つは、絶えずガス代としての需要が発生していることである。
　また、電気自動車メーカーのTeslaが2021年2月に、Tesla車の購入時にビットコインの支払いを受け付けることを発表（現在は中止）した際、ビットコインの価格は急騰した。日常の決済でも使用できるとなれば実用性は格

（注1）「Web3版のDNS (Domain Name System)」と呼ばれる、複雑な文字列のイーサリアムのウォレットアドレスに人間が認識しやすい名前を紐付けられるサービス。
（注2）分散型GitHubと呼ばれる分散型のコードコラボレーションツール。
（注3）オラクル（詳しくは第7章）を使わずにブロックチェーンの外部データを取得する分散型APIプロジェクト。

段に向上し、需要は拡大するだろう。

（2）インセンティブ

　ユーザーの需要を喚起し、購入してもらい、理想的に保持してもらうといった運営サイドが期待する行動を取ってもらうにはインセンティブの提供が有効である。

　インセンティブの手段は、トークンの保有枚数に応じてガバナンスに関与する投票権を与えたり、トークンを長期間保有してもらう代わりに利益の一部をシェアしたりするなどいくつかの方法がある。ユーザーはトークンを保有し続けるインセンティブがなければ、すぐに売却してしまう可能性が高くなる。

　トークンの持続的な成長のためには、保有者数を増やすことだけではなく、ユーザーにどれだけ長い間トークンを保有してもらえるかも重要であり、トークンの長期的、かつ本質的な価値に影響を及ぼす。

ガバナンストークンの付与

　プロジェクトの運営に参加可能なガバナンストークンを配布する。ガバナンストークンは投票権の役割を担っており、保有者は収益の分配方法など各種ルールの変更を提案したり、プロジェクトの運営方針や開発方針を決める投票に参加したりできる。このため、トークンの無形の価値を獲得することにつながる。

　第3章で説明したとおり、ガバナンストークン発行の火付け役となったのは暗号資産のレンディングサービスであるCompoundである。Compoundはコミュニティにガバナンスを移行する目的でガバナンストークン「COMP」の発行を決めた。配布が開始された2020年6月には、TVLが1週間で9000万ドルから6億ドルに急増した（DeFi Pulseによる）。これはCOMPトークンを獲得するために新規参入したユーザーによるところが大きいとされる。

　しかし、ガバナンスメカニズムの設計はまだ初期段階にある。第2章で説明したとおり、「1トークンにつき1票の投票権を持つ」とした場合、保有するトークンの数が少ないユーザーは、「自分が投票しても大勢に影響はない」と考え、投票権を放棄し、ガバナンスにまったく参加しないことになりかねない。こうした課題を解決するため、投票権を長期間行使しなければ、自分の投票権の重みを増せるようにするといった方法も考案されている。

プロフィットのシェア

　トークンを保有するインセンティブとして、トークン保有者への報酬の分配がある。手数料収入の分配、エアドロップ（特定の条件を満たすことでトークンを無料で配布するイベント）、マーケティングや広報活動、アンバサダーの獲得といった戦略的な目的のためのトークン配布などがある。

　たとえば、トークンネットワークが取引ごとに徴収する手数料の用途の一つとして、既存のトークン保有者に対して保有比率に応じたトークンの分配を行うことがある。逆に、トークン保有者が受け取ったトークンを頻繁に売却するのを防ぐために、比較的高い取引手数料（3％以上）を設定することもある。しかし、ほかのインセンティブなしに高額な手数料を設定すると、ネガティブな印象を与えることもあるため注意が必要である。

　また、プロジェクトの初期ユーザーにトークンを配布する遡及的エアドロ

図表6-3　主な遡及的エアドロップの例

	プロジェクト	時期	対象アドレス数	配布量	総供給量に占める割合
1	Uniswap	2020年9月	25万1534	1億61万3600	15%
2	1Inch	2020年12月	5万5000	9000万	6%
3	Gitcoin	2021年5月	2万5500	1500万	15%
4	dYdX	2021年9月	6万4306	7500万	7.5%
5	ENS	2021年11月	13万7689	2500万	25%

（出所）野村総合研究所

ップ（図表6-3）はDEXのUniswapが2020年9月16日に実施したことで広く知られるようになった。Uniswapは2020年9月1日までにUniswapを利用していたユーザーなど25万1534人に対して、ガバナンストークン「UNI」を無償配布した。これは、SushiSwapが仕掛けたヴァンパイア攻撃への対抗策の一つと見られているが、1人あたり400UNI（当時約1600ドル相当）と高額だったこともあり、Uniswapを以前から利用していたユーザーは思わぬ形で利益を得られたことになる。

ステーキング

　ブロックチェーンのコンセンサス（合意形成）アルゴリズムとして、PoW（プルーフ・オブ・ワーク）ではなく、PoS（プルーフ・オブ・ステーク）を採用している場合はステーキングがインセンティブの手段になる。

　簡単に言えば、「ステーク」はトークンの保有量を意味し、ステーキングはブロックチェーンのネットワーク上にトークンを預け入れておくことである。PoSでは、ネットワークに預け入れているトークンの数量やその保有期間に基づき、トランザクションの最新ブロックを検証する権利が得られる。そして、トランザクションを承認し、ブロックチェーンを更新する見返りとして報酬が得られるようになっており、ステーキングがPoWのマイニングと同じような機能を果たす。より多く、より長期にわたってトークンを預け入れていることによって権利が得られるため、ステーキングによってユーザーはプロジェクトへのコミットメントを示すことができる。

　PoSでは自分のトークンをステーキングすることが、ネットワークの最善の利益のために行動する経済的インセンティブになっている。何か不正があった場合、真っ先に不利益を被るのは大量のトークンを預け入れている自分だからである。たとえば、不正なブロックを承認した場合、そのユーザーは罰としてステーキングしている資産の一部を「スラッシング（徴収）」される。

　最近はプロジェクトの数が増えているため、同じようなユーザー層の獲得を目指すプロジェクト間の競争が激しくなっている。特にDeFiの分野では、

各プロジェクトが魅力的な利回りで競っており、単純なステーキングではもはや差別化を図るのが難しい。そのため、長期にわたってステーキングしてくれるユーザーにより多くの報酬を与えるなどの工夫が必要になっている。

たとえば、ステーブルコインの扱いに特化したDEXであるCurve Financeでは、ガバナンストークン「CRV」を長期間ロックアップしたユーザーはより多くのインセンティブを受け取れる。具体的には、4年間ロックアップしたユーザーは1年間ロックアップした場合に比べ、CRVと交換できるエスクロートークン「veCRV」を4倍も多く受け取れるようにしている。これは4倍の投票力を持てることを意味する。

(3) コミュニティ

実用性やインセンティブがなくても、熱狂的なコミュニティの支持によって需要が高止まりするケースもある。たとえば、2013年に誕生したDOGEは、2013年に大人気となったインターネット・ミームをベースとしており、カルト的な支持者の存在によって安定して時価総額上位に位置している。

また、DOGEはElon Musk氏がファンとして知られている。これまでも同氏がDOGEに関してツイートするたびに価格が大きく変動しており、2022年10月末にはTwitter社の買収について合意したことを受け、DOGEの価格は70%以上も急騰した。

前述した通り、インフレ型のDOGEはトークノミクスの観点から見ると、決して褒められた設計とはいえない。しかし、熱狂的なコミュニティや有名人の支持があれば、そうしたものを超越してしまうこともあるといえよう。

暗号資産を評価する際のポイント

ここまでは、トークノミクスの設計上のポイントを説明してきた。トークノミクスを理解することは、暗号資産の将来性を評価する上でも役に立つ。

ここからは実際の暗号資産を例に取り、どのようにトークノミクスが設計されているのかを見ていく。チェックすべき重要なポイントは次の通りである。

- どのくらいの量のトークンが供給されており、今後どの程度、追加されるか?
- 供給はインフレ（増加）なのか、デフレ（減少）なのか?
- トークンにはユーティリティ性があるか？　交換以外の目的で使用できるか?
- 実際のユースケースはあるのか?
- トークンの大部分を所有しているのは誰か？　それは一握りのアカウントに集中しているのか、あるいは適切に分散しているのか?

　繰り返しになるが、一般的な経済学同様にトークノミクスにおいても需要と供給の関係が重要である。供給サイドをチェックする際には、「循環供給量」「最大供給量」「総供給量」といった基本的な数値を押さえておく必要がある。
　循環供給量は、現在流通しているトークン量を表し、ユーザーが実際に取引したり、使用したりできるトークンの数を意味する。最大供給量は生成されるトークンの最大数を表し、株式市場における「発行可能株式数の最大値」に相当する。総供給量はすでに生成されたトークンからバーンやほかの方法によって供給から取り除かれたトークンを差し引いたもので、株式市場における「発行済み株式」に相当する。
　たとえば、ビットコインの場合、最大供給量は2100万に固定されており、2022年11月時点での循環供給量は約1920万である。また、総供給量は循環供給量と同じであることがわかる（図表6-4）。これは、バーンなどによって意図的に流通から取り除かれたトークンがないことを示している。
　供給サイドで重要なのは、必ずしもトークンの最大供給量ではない。現在の循環供給量はどの程度か、将来的に供給はどうなるのか、そしてどれくら

図表6-4　ビットコインの循環供給量／最大供給量／総供給量

■総供給量と循環供給量が同じであり、意図的に流通から取り除かれたコインがないことを表している。

（出所）https://coinmarketcap.com/ja/currencies/bitcoin/

いの速さでそこに到達するのかということである。

　ビットコインでは、「半減期」というスキームを用いて意図的に発行スピードをコントロールしている。半減期とは、約4年ごとにマイニング報酬を半分にするという措置である。2009年にビットコインがスタートした時点では50BTCであったが、それから2012年、2016年、2020年と3度にわたって半減期を迎えており、2022年時点のマイニング報酬は6.25BTCとなっている（50→25→12.5→6.25）。マイニング報酬が半分になると発行量の伸びは鈍化するため、すぐに最大供給量に達したり、いたずらに流通量が増えたりして、ビットコインの価値が大きく下がることを防止できる。

　前述した通り、循環供給量はすでに1920万を超え、最大供給量の約92%に達している。プロトコルの変更がなければ2140年頃にマイニングが終了する見込みであり、かなり時間を要することがわかる。つまり、今後の約120年間で放出されるのは180万だけということになり、深刻なインフレ圧力でコインの価値が下がることはないと考えてよい。

　ビットトークンの場合は前述したロックアップやベスティング、開発チームのトレジャリーなどの分析を複雑にする要素がなく、循環供給量、最大供給量、インフレチャートを見て、現在地を知ることができる。しかし、ほかの多くのトークンはビットコインのように単純ではない。

時価総額と完全希薄化後時価総額

　暗号資産やトークンの価値を評価する際に確認したい重要な指標として、「時価総額」と「完全希薄化後時価総額（FDV）」がある。時価総額はトークンの現在価格に循環供給量を掛け合わせたものである。一方のFDVは、現在の価格に最大供給量を掛け合わせたもので、トークンの新規発行が終わり、総発行量すべてが市場に流通したと仮定した場合の時価総額を意味する。つまり、違いは循環供給量と最大供給量の差である。

　株式市場ではすべてのストックオプションが行使され、すべての有価証券が株式に転換された場合の企業価値を「希薄化された時価総額」と呼んでおり、完全希薄化後時価総額はこれにちなんで名づけられたものである。

　たとえば、あるトークンの現在価格が10ドル、現在の循環供給量が5万、最大供給量が10万であれば、時価総額は10×5万＝50万ドル、FDVは10×10万＝100万ドルとなる。

　この2つの指標はほかの変数と組み合わせることによって、市場がプロジェクトをどのように評価しているのか、また、現在の価格を正当化するためにそのプロジェクトが将来どのように成長する必要があるかを知る上で役に立つ。

　たとえば、トークンAの循環供給量が20万、1トークンが1ドルの価値を持つ場合、その時価総額は20万ドル、トークンBの循環供給量が5万で1トークンが2ドルの価値を持つ場合、その時価総額は10万ドルとなる。1トークンあたりの価格はBがAの2倍であるにもかかわらず、トークンAの時価総額はBの2倍になり、ネットワークとしての価値はAの方が高いことがわかる（図表6-5）。つまり、単純に現在の価格だけで価値を判断してはならないということになる。

　時価総額は投資対象のリスクを考える上で役に立つ指標である。ビットコインやイーサリアムのような時価総額が100億ドルを超えるような大型の暗号資産は成長の実績があり流動性が高いため、多くの人が売却しても価格

図表6-5　トークンの時価総額

■現在価格はBがAの2倍であるが、時価総額はAがBの2倍であり、ネットワークとしての価値はAの方が高い。

	現在価格	循環供給量	時価総額
トークンA	1ドル	20万	20万ドル
トークンB	2ドル	5万	10万ドル

(出所) 野村総合研究所

に与える影響は比較的小さい。そのため一般的には低リスクの投資対象と考えられる。

　一方、時価総額が10億ドル未満の小型の暗号資産は今後急成長する可能性があるものの、流動性が低く、市場センチメントに基づく劇的な価格変動の影響を受けやすい。そのため高リスクといえる。

　また、時価総額とFDVの間に大きな差がある場合、それは多くのトークンがロックアップされて市場に出回るのを待機していることを意味し、リスクが高いといえる。そのため、それらがどのようなスケジュールで市場に出回るのか、そして現在の価格が正当なのかを調べる必要がある。

　たとえば、時価総額がFDVの10%で、トークンがすべて来年にリリースされることになっている場合、現在の価格を維持するためには、市場価値を10倍に高めて、トークン供給の希薄化の影響を相殺する必要がある。一方、時価総額がFDVの25%で、トークンが4年かけてリリースされるのであれば、4年で4倍、1年で40%程度市場価値を高めれば済む。

　FDVが重要なのは、トークンに対する市場の需要がインフレ率と同等かそれ以上にならなければ、トークンの供給が増加することによって自分の相対的な所有量が減少するからである。たとえば、循環供給量1万枚の1%に相当する100枚のトークンを所有しているとする。その後1年で、インフレにより供給量が2倍の2万枚になったとすると、循環供給量の1%を所有していたはずが、0.5%になってしまい価値が薄れることを意味する。

循環供給量と総供給量が異なる場合

　ただし、ここで注意したいのは循環供給量と総供給量が異なる場合である。たとえば、Curve FinanceのトークンであるCRVの場合、ある日のFDV（約23.3億ドル）は時価総額（約4.6億ドル）の約5.1倍となっており、一見するとトークンは最大供給量（33億303万299）の約20％（4.6÷23.3）しか循環していないように見える（図表6-6）。しかし、総供給量（18億5914万4294）と循環供給量（6億5000万1233）に大きな差があることに気づき、循環供給量を掘り下げてみると、さまざまなことがわかってくる。

　たとえば、「Founder」が約3億5600万もの大量のトークンを保有していること、約6億1800百万の「Vote-Locked CRV」があることなどである（図表6-7）。しかし、このVote-Locked CRVはロックアップされているものの、すでに供給されているため、それも含めると時価総額は約4.6億ドルではなく約9.0億ドル｛（6億5000万＋6億1800万）×0.706｝になり、FDVの約39％（9.0/23.3）となる。CRVのリリーススケジュールをCurve Finance

図表6-6　カーブ（CRV）の時価総額とFDV

（出所）https://www.coingecko.com/ja/コイン/カーブ

図表6-7　カーブ（CRV）の総供給量と循環供給量の差分の内訳

（出所）https://www.coingecko.com/ja/コイン/カーブ

のホームページで確認すると、全トークンが発行されるのは2140年頃の予定であり、それほど急激に市場価値を高める必要はないことがわかる。

　循環供給量は時価総額と関係が深く、さらにトークン価格にも影響を与えるため、循環供給量を増減させるロックアップやベスティングなどのイベントの有無とロックが解除されるタイミングなどについては確認しておく必要がある。

供給スケジュール

　トークンの供給スケジュール（一定期間に新たに発行／作成されるトークンの数）も価格を上げたり下げたり、あるいは安定させるためのメカニズムとして使用される。あまりにも多くのトークンが発行される場合、十分な需要がなければ価格は下がる。反対に十分な数のトークンが発行されないと、多くの需要があれば価格は上がる可能性が高い。

図表6-8　ビットコインのインフレ率の推移

■マイニング報酬を4年ごとに半分に減らし、新規に供給されるビットコインの量を減らすことで、最大供給量に達するまでインフレ率は継続的に下がっていく。

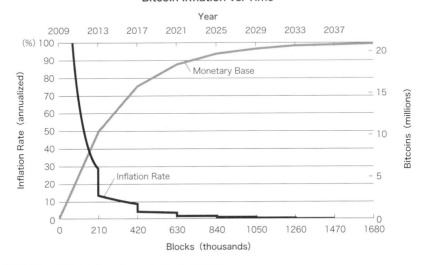

（出所）https://bitcointalk.org/index.php?topic=130619

　供給スケジュールには最初に決めたスケジュールから変わらない固定的なものと、途中で変わる可変的なものがある。ビットコインは前者の例であり、最大供給量に達するまで4年ごとにマイニング報酬が半分になるようにプログラムされている。これにより、継続的にインフレ率が下がっていく（図表6-8）。

　後者の例としてはイーサリアムが挙げられる。イーサリアムのマイニング報酬は5ETHで始まったが、その後、3ETH→2ETHとなり、さらに2022年9月に実施された大型アップデート「マージ」では、コンセンサスアルゴリズムがPoWからPoSへと大きく変更されたため、再度報酬も変化した。こうした報酬の変化に伴い、トークンの発行レートも大きく変動している（図表6-9）。

図表6-9　イーサリアムの供給数と発行レートの推移

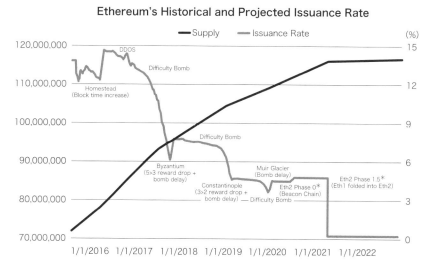

＊Estimated Dates
（出所）https://www.onooks.org/ethereums-historical-projected-issuance-rate-the-london-upgrade/

トークンアロケーション

　先に説明したように、トークンのアロケーションはパフォーマンスに影響を与える可能性がある。そのため、各プロジェクトのホワイトペーパーなどを参照し、どのような配分になっているのか、あるいはベスティングやロックアップ期間をチェックしたい。

　たとえば、分散型取引所であるUniswapの場合、ガバナンストークン「UNI」の最大供給量は10億となっており、そのうち60％はコミュニティメンバー、21.5％はチーム、17.8％は投資家に割り当てられている（図表6-10）。

　また、4年間のベスティングが設定されており、投資家は4年後まですべてのトークンを受け取ることができないため、すぐにポジションを捨てることができず、UNIの価格にはプラスに働くだろう。

図表6-10　分散型取引所Uniswapのガバナンストークン「UNI」の割り当て

■60%はコミュニティメンバー、21.51%はチーム、17.8%は投資家、0.69%がアドバイザーに割り当てられている。

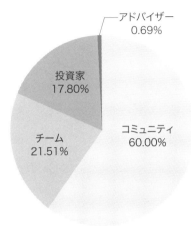

（出所）https://uniswap.org/blog/uniをもとに作成

　ロックアップやベスティングを設定していないプロジェクトでは、創業者チームのメンバーや初期の投資家がトークンを早々に売却してしまう可能性がある。そうすると、市場にトークンが溢れ、トークンの価格だけでなく、プロジェクト自体の価値も下がってしまう。もしくは、最初から「手っ取り早く儲けたい」だけのステークホルダーが集まったプロジェクトの可能性もある。ロックアップやベスティング期間が設定されていると、創業者チームは少なくともトークンを売却できるようになるまで懸命に努力し、トークンの価値が下がらないようにするだろう。

　こうした観点からもプロジェクトの性質を判断する上では、ロックアップやベスティングの有無を確認するとよい。

第 7 章

Web3を実現する
テクノロジー

図表7-1　Web3のテクノロジースタック

第5層 (アクセス層)	ウォレット/ID (MetaMask、Gnosis Safe、ENSなど)		DeFi (Uniswap、Aaveなど)	NFT (OpenSea、Raribleなど)
第4層 (開発層)	Web3ネイティブライブラリ (web3.js、ethers.jsなど)		開発言語 (Solidity、Vyper、Rustなど)	開発フレームワーク (Hardhat、Truffleなど)
第3層 (ミドルウェア層)	オラクル (Chainlink、Band Protocolなど)		ブロック・エクスプローラー (Etherscan、SnowTraceなど)	インデックス作成/検索 (The Graph、SubQueryなど)
第2層 (スケーリング層)	ロールアップ (Optimism、Arbitrum、zkSyncなど)	サイドチェーン (Polygon、Skaleなど)	シャーディング (ethereum2.0など)	バリディウム (StarkWareなど)
第1層 (ネットワーク層)	EVM互換ブロックチェーン (Ethereum、Avalanche、Tron、BNB Chainなど)		EVM非互換ブロックチェーン (Solana、Flow、NEARなど)	
第0層 (ハードウェア/ インフラ層)	ノード (Infura、Alchemyなど)		実行環境 (Dfinityなど)	ストレージ (Filecoin、Arweaveなど)

(出所) 野村総合研究所

　本章では、Web1.0、Web2.0の時代からアプリケーションの技術要素を説明する際に用いられるテクノロジースタックに従って、Web3を構成する技術要素を解説していく。

　現在、さまざまな企業や団体がそれぞれ独自のWeb3テクノロジースタックを提唱しており、標準化されたスタックは存在しない。Web3を提唱したGavin Wood氏を中心に設立されたWeb3 Foundation（Web3財団）が公開しているテクノロジースタックも存在するが、かなり抽象的でわかりづらい。そのため、ここではそれらの情報を参考にしながら作成した筆者独自のテクノロジースタック（図表7-1）をベースに説明する。第0層〜5層までの計6階層となっており、以下、第0層から順番に主要な構成要素について解説していく。

第0層（ハードウェア／インフラ層）

テクノロジースタックの中で最下層に位置し、ブロックチェーンを構成するノードやストレージ、実行環境などで構成され、ノード同士が通信するためのプロトコルなどもここに含まれる。

ノードの運用管理を省力化する「ブロックチェーン版AWS」

ブロックチェーンにおけるノードとは、ブロックチェーンのネットワークに接続されているコンピュータ端末を指し、ルーティング、データベース、マイニングといった機能を持つ。各ノードはトランザクションデータ（＝取引データ）をブロックという単位でまとめて記録し、同じブロック情報を分散して持つことで信頼性を担保している。さらにすべてのノードが最新の状態に保たれるように常に最新のデータを交換している。ブロックチェーンが「分散型台帳」と呼ばれるのはこのためである。

しかし、すべてのノードを手動で構築、維持、メンテナンスするのは、次のような理由から時間も手間もかかる大変な作業である。

・すべてのノードを同期するには、数日から数週間かかる
・ノードを正常に保つには、定期的なメンテナンスを実行する必要がある
・ノードが非同期になったり、タイムアウトになったりするなどの問題が頻繁に発生する
・実行するノードが多いほど、ノードを正常に保つことが難しくなる
・ネットワークが処理するトラフィックが増加するほど、これらの問題は複雑になる

そのため、これまでのシステムでも多くの企業がAWSやGoogleなどが提供するクラウドサービスの活用によってサーバーを迅速に立ち上げ、運用を効率化しているのと同じように、ブロックチェーンのノードの運用管理に

おいてもノードサービスプロバイダを活用するのが現実的である。

　代表的なプロバイダとして、Alchemy、Infura、QuickNode、Moralisなどが存在し、イーサリアムなどの基盤ブロックチェーンへのアクセスをAPIで提供している。「ブロックチェーン版AWS」ともいえるサービスであり、これらを活用すれば、自身でノードを立てたりイーサリアムとの通信を直接行ったりする必要がなくなる。ただし、これらの企業はAWSと同様の中央集権的な企業であり、単一障害点になる恐れがある点には注意が必要である。

「真の分散アプリケーションの実現」を目指すDfinity

　従来のブロックチェーンは取引データの記録やスマートコントラクトによるデータ処理のみを担っているため、DAppsはWebアプリとして実装され、従来と同様にWebサーバー上で実行される。そのため、最終的にユーザーにアプリケーションを提供するためには、AWSなどのWeb2.0企業が運営するクラウドサービスを利用せざるを得なかった。こうした状況から、「結局、Web2.0企業に依存せずにはサービスを提供できないのか」という批判の声も聞かれた。

　この状況から脱却し、「真の分散アプリケーションの実現」を目指すのが、Dfinityプロジェクトである。つまり、ブロックチェーンを使ったデータの保存・処理だけでなく、ストレージ機能やWebアプリケーションのホスティング機能を追加し、統合的にサービス提供可能な環境の構築を目標としている。

　Dfinityは非営利組織であるDfinity Foundation が開発を主導し、「ICP（Internet Computer Protocol）」という独自プロトコルを用いて、世界中に分散配置されたデータセンターのリソースを統合的に運用管理できる仕組みを備えている。

　ICPは、耐障害性やスケーラビリティの向上を目的とした階層アーキテクチャを採用しており、Subnetと呼ばれるブロックチェーンが複数存在する。

そして、世界中に分散配置されたデータセンターで動作するノードは、それぞれ異なるブロックチェーンを運用している。また、中央集権的な管理者を置かずにシステムを持続的に運用するため、独自トークン「ICPトークン」を発行し、ガバナンスの分散も実現している。

　ただし、Dfinityは2021年にようやくメインネットがローンチされたばかりであり、将来的には数千のデータセンターへの分散を目標としているものの、2022年7月現在では46のデータセンターしか利用していない。同様にノード数も数百万台規模の将来目標に対して、1235台にとどまっている。そのため、サーバーのレスポンスタイムやデータの処理時間など現在のクラウドサービスと同様のパフォーマンスを期待するのは時期尚早といえる。

　また、「真のエンドツーエンドでの分散アプリケーションの実現を目指す」というコンセプトは素晴らしいものの、実際に利用するユーザーはコストにも敏感である。そのため、現状のクラウドサービスと同等のコストで利用できるようにならなければ、広く使われるようにはならない。とはいえ、Andreessen Horowitzを筆頭に、著名なベンチャーキャピタルが出資しており、今後も注視していきたいプロジェクトである。

分散ファイルシステム

　Web3時代のストレージシステムとしては、Amazon S3やDropboxなどの一企業が運営するクラウドストレージに代わるものとしてP2P型の分散ファイルシステムが提案されている。代表的な分散ファイルシステムには、IPFS、Filecoin、Arweaveなどがある（図表7-2）。

　分散ファイルシステムでは、特定の企業や組織などが一括してデータを集中管理するのではなく、ネットワーク参加者のパソコンなどの空き容量を利用して分散して管理する。1つの組織が管理する従来の中央集権型のシステムに比べて、データが1カ所に集中していないため、ハッキングや物理的な障害などによるデータ消失のリスクが低く、データの恣意的な検閲、改ざんなどにも強いという特徴がある。

図表7-2 主な分散ストレージ

	ツール名	サービスを開始した年	概要
1	IPFS	2015年	P2P型のファイルシステムプロトコル。信頼性が高く、コミュニティ活動も活発に行われている反面、ノードがファイルを保存するインセンティブ構造がないため、「PIN」(メタデータを指定した別のサーバにバックアップする手法)をしておかないとデータが失われる
2	Filecoin	2020年	IPFSを開発しているProtocol Labsが中心となってオープンソースで開発を進めている分散型のファイルシステム。IPFSに独自のブロックチェーンとインセンティブを加えたもの。WikipediaのデータベースのコピーはFilecoinに保存されている
3	Arweave	2018年	一度だけ料金を支払えば、最低200年という超長期にわたってデータを保存してくれるプロトコル。Solanaがブロックチェーンデータの保存に利用しているほか、分散型メディアプラットフォームのMirrorも記事の保存に活用している
4	Sia	2015年	Filecoinと同様に、ブロックチェーンネットワークでユーザーの余剰なハードディスクスペースを活用し、それを必要とする人に貸すことで、分散型データストレージを促進。Siaのストレージプロバイダーは、データストレージマーケットプレイスを使ってストレージスペースを収益化し、ネットワーク固有の実用トークンであるSiacoin (SC) の形で報酬を獲得できる

(出所) 野村総合研究所

　耐障害性が高いのは、データを1カ所で集中管理せず、分散管理しているためであるが、検閲や改ざんに強いのはなぜだろうか。それはインターネット上での情報へのアクセス方法に関係している。分散ファイルシステムは、「コンテンツ指向型」のプロトコルを採用しており、「ロケーション指向型」のプロトコルを採用している従来のシステムとは異なる。ロケーション指向型の代表的なプロトコルであるHTTP（Hyper Text Transfer Protocol）は、取得したい情報が存在する場所（サーバーの名前、ディレクトリの名前、ファイル名）のURLなどを指定して情報にアクセスする。これによって、データの分配や管理が簡単になる一方で、第三者からすると容易にアクセスを遮断できることにつながる。

　たとえば、中国ではFacebookやTwitterなどの国外企業が運営するSNSへのアクセスが禁止され、トルコでは2017年4月から2020年1月までの3年近くもWikipediaへのアクセスが遮断されていた。これらはHTTPによる

情報アクセスがロケーション指向であるためで、FacebookやTwitter、Wikipediaのサーバーへのアクセスを遮断すれば、国民の情報へのアクセスを制限できることになる。

　これに対して、コンテンツ指向型では場所を指定するのではなく、コンテンツの内容自体を指定して直接アクセスする。たとえば、IPFSの場合はコンテンツをハッシュ値に変換してネットワークにアップロードすると、そのハッシュ値がコンテンツの識別子（ID）として使用される。コンテンツを呼び出す際は、ネットワーク全体に対してコンテンツの識別子を通知し、そのIDが割り当てられたコンテンツを持っていないか照会する。ネットワーク上のノードでIDが合致するコンテンツを持っているノードがあれば、そのノードからコンテンツを呼び出せばよい。

　複数のノードがコンテンツを持っており、どこか特定のノードへのアクセスが遮断されてもほかのノードからデータを取得できるため、政府によるネットの検閲・遮断は困難である。実際、トルコでWikipediaの閲覧が遮断された際には、IPFSを利用したトルコ語版Wikipediaのコピーがオンラインに登場した。コンテンツに変更が加えられるとハッシュ値も変化するため、コンテンツの正当性も容易に検証できる。そのため、改ざんも難しい。

　分散ファイルシステムは、NFTの提供元のサーバーや中央集権型のクラウドサービスなどに依存しないNFTデータの保存先としても期待されている。しかし、十分な数のノードが参加せず、また地域的な偏りがあると対障害性や対検閲性の面で問題が生じる。

　また、IPFSはトークンを発行していないため、ノードにはファイルを保持するインセンティブがなく、ノードが誤ってファイルを消してしまう恐れがある。そのため、IPFSを開発しているProtocol Labsでは、独自のトークンを発行する「Filecoin」という別の分散ファイルシステムを開発している。Filecoinでは、ストレージサーバーの空き容量を提供する参加者がファイルを保持することで、依頼者のユーザーからトークン「FIL」を受け取る。こうしたインセンティブの提供によって十分な数のノードが確保できれば、うまく機能することになるだろう。

第1層（ネットワーク層）

　「ブロックチェーン」という言葉を聞いて一般的に想像するのは、この第1層であろう。第1層はブロックチェーンのネットワーク層で、Web2.0のアプリケーションが中央集権的なデータベースに依存しているのに対し、Web3のアプリケーションはブロックチェーンネットワーク上に構築される。

　ブロックチェーンネットワーク上でスマートコントラクトを使ったDAppsを開発する場合、開発者には主に2つの選択肢が用意されている。EVM（Ethereum Virtual Machine）互換のブロックチェーンとEVM非互換のブロックチェーンである。EVMはその名の通り、イーサリアム専用の仮想マシンであり、スマートコントラクトをデプロイ、もしくは実行する際に使用するプログラムの実行環境である。

　イーサリアムのスマートコントラクトは、後述するSolidityなどの専用のプログラム言語を用いて記述するが、そのままではEVMを実行できない。EVMが実行できるのは専用のバイトコードのため、Solidityなどで記述されたソースコードをコンパイルすることによってバイトコードを生成する必要がある。この関係は、JavaエコシステムでのJVM（Java Virtual Machine＝Java仮想マシン）とJava、Scalaの関係をイメージすると理解しやすいかも知れない。

EVM互換ブロックチェーン

　EVMの特徴としては一般的なバイトコードの操作に加えて、アカウント情報（アドレスやイーサ残高など）やブロック情報（ブロックナンバーやガス代など）にアクセスできる点が挙げられる。EVMにはマシンの状態も保存され、EVM が定めた一連の定義済みルールに従って新しいブロックごとにイーサリアムの状態（ステート）を更新する。

　このようにEVMはもともとスマートコントラクトを実行するために開発

された仮想マシンであったが、最近ではAvalancheやTron、BNB Chain（BSC）など、EVMとの互換性を持たせたブロックチェーンが続々と開発されている。互換性を確保することによって、イーサリアム上のアプリケーションの移植が容易になるといったメリットがあるほか、イーサリアムの開発ライブラリや開発ツール、周辺ツール、ドキュメントなどをすべて活用できるため、開発者の学習コストがほとんどかからないといったメリットがある。

　これらのライブラリは開発者コミュニティでのナレッジベースの蓄積だけでなく、EVMベースで開発されているDeFiアプリケーションがハッキング被害に遭った経験なども踏まえて構築されているため、ネットワーク効果が働く。そのため、EVM互換のブロックチェーンが広く利用される、という状況は簡単には変わらないと予想される。

EVM非互換ブロックチェーン

　一方、Solana、Flow、NEARなどのEVM非互換のブロックチェーンは、スケーラビリティなどのEVM互換のブロックチェーンの制約を打破することを目的に開発されている。開発者の学習コストは高くつくが、最初からトランザクションのスケーラビリティを考慮して設計されており、高スループット、低レイテンシーを必要とするDeFi領域のアプリケーションなどの開発に適している。

　たとえば、Solana は1秒あたり最大 6万5000 もの大量のトランザクションを処理できる（6万5000TPS）と主張している。ビットコインの5TPS程度 、イーサリアムの15TPS程度と比較すると、その凄さが実感できるだろう。また、しばしば引き合いに出される世界最大の決済処理業者であるVisaでも、最大2万4000 TPS程度である。

　Solanaが高速処理を実現できる理由は、「プルーフ・オブ・ヒストリー（PoH）」と呼ばれるコンセンサスアルゴリズムの採用と、Rustという高速なプログラミング言語で記述されている点が挙げられる。もっとも、6万5000TPSという数値はあくまでも理論値である点には注意が必要だ。実際

図表7-3　DeFiアプリケーションのブロックチェーン別預かり資産総額（2022年12月11日）

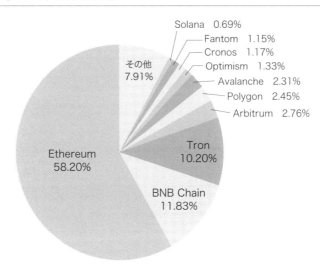

（出所）https://defillama.com/chains をもとに作成

　に筆者が確認したタイミングでは2000～5000TPSの間で推移していた。ただし、これは決して6万5000TPSが実現できないという意味ではなく、現状ではそこまでのトランザクションが発生しておらず、「宝の持ち腐れ」になってしまっていることを意味する。

　実際、DeFiアプリケーションにおけるブロックチェーン別の預かり資産総額（TVL）を見ると、イーサリアムのシェア（58.2％）が他を圧倒している（図表7-3）。イーサリアムに次ぐのは、BNB Chain（EVM互換）で11.83％、さらにTron（EVM互換）が10.2％と続く。この3つで約80％となり、その他は各3％以下のシェアしか獲得できておらず、Solanaはわずか約0.69％で10位に過ぎない。

　SolanaやEVM互換のAvalancheやPolygon、さらにはPolkadot、Cardanoなどは、処理能力の速さ、手数料の低さ、環境への優しさなどの面を総合し、イーサリアムに取って代わる可能性があるという意味で「イーサリアムキラー」と呼ばれる。しかし、この状況を見る限りは、当分の間イーサ

リアムの牙城は崩せそうにない。

ブロックチェーンのトリレンマ

　現状では話題先行と言わざるを得ないが、イーサリアムに代わるブロックチェーン「イーサリアムキラー」の登場を期待する声が上がるのは、「ブロックチェーンのトリレンマ」問題が背景にある。

　われわれがよく使う「ジレンマ」という言葉は、ある問題に対して2つの選択肢が存在し、そのどちらを選んでも何らかの不利益があり、態度を決めかねる状態のことを指す。これに対して選択肢が3つあり、3つの目標すべては達成できず、そのうち2つを達成するためには残りの1つを犠牲にしなければならない状況のことを「トリレンマ」と呼ぶ（ちなみに4つの場合は「テトラレンマ」）。

　ブロックチェーンのトリレンマは、イーサリアムの創設者の1人、Vitalik Buterin氏が指摘した問題で、「スケーラビリティ（拡張性）」「セキュリティ」、「分散性」というブロックチェーンに欠かせない3要素を同時に満たすのは難しいことを意味する（図表7-4）。

　たとえば、ビットコインやイーサリアムはセキュリティと分散性は実現できているものの、スケーラビリティには課題がある。特に最近はイーサリアムを基盤とするNFTやDeFi市場の急拡大により、トランザクションが劇的に増加したことでガス代（手数料）が高騰し、スケーラビリティ問題がより深刻な形で浮き彫りになった。

　また、一般的にプライベートブロックチェーンは誰でも無条件で参加できるわけではないため、ネットワークのノード数が少なくなり、分散性の観点で課題がある。

　イーサリアムは利用者が多いことから、トリレンマの問題が特にクローズアップされることが多い。トランザクションの高速性をアピールするブロックチェーンが多いのは、イーサリアムの欠点を補うことが利用者の拡

図表7-4　ブロックチェーンの「トリレンマ」

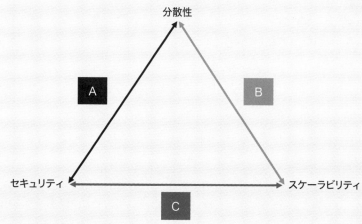

■A、B、Cのどれか1辺を取る（2つの要素を選ぶ）とトライアングルは成立しなくなる。

分散性

A

B

セキュリティ　　　　　　　　　　　　　スケーラビリティ

C

（出所）野村総合研究所

大を狙う上で最も効果的だからである。

　なお、Vitalik Buterin氏はイーサリアムのスケーラビリティに対するソリューションとして「シャーディング」を提案している。シャーディングについては次の「第2層」で解説する。

第2層（スケーリング層）

　第2層は、第1層が抱える課題を解決するための層で、特定のブロックチェーンネットワークの基本機能の拡張を実現するものなどもあるが、メインの目的はスケーラビリティの向上である。具体的には、分散化やセキュリティを犠牲にすることなく、トランザクション速度（ファイナリティの高速化）とトランザクションのスループット（1秒あたりのトランザクション数）を向上させることである。

図表7-5　イーサリアムのスケーリングソリューションの分類

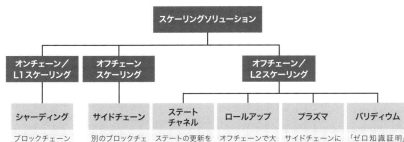

（出所）野村総合研究所

　スケーリングの方法としては、イーサリアムなどの第1層のブロックチェーンに変更を加える必要がある「オンチェーンスケーリング」と、第1層のブロックチェーンとは別に実装され、第1層のブロックチェーンを変更する必要のない「オフチェーンスケーリング」に分類できる（図表7-5）。

オンチェーンスケーリング

　後述するオフチェーンスケーリングでは複数のソリューションが提案されているのに対して、オンチェーンスケーリングのソリューションは「シャーディング」がメインである。シャーディングは、コンセンサスアルゴリズムをPoWからPoSへと移行するイーサリアムの大型アップデート「マージ」

図表7-6　データベースとイーサリアムブロックチェーンのシャーディング

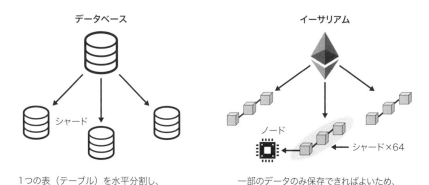

データベース　　　　　　　　　　　イーサリアム

シャード

ノード

シャード×64

1つの表（テーブル）を水平分割し、
複数のデータベースサーバに分散して記録

一部のデータのみ保存できればよいため、
各ノードは高性能でなくてもよい

（出所）野村総合研究所

と関係する。マージは2022年9月に実施され、無事PoSへの移行を完了したが、その後、さらなる処理性能の向上を実現すべく実装されるのがシャーディングである。

　シャーディングは、負荷分散のためにデータベースを水平方向に分割するプロセスであり、ブロックチェーン固有の技術ではなく、データベースの負荷分散技術の一つとして以前から存在する。1つの表（テーブル）を複数の物理コンピュータに分割して記録する方式で、DBMS（データベースマネジメントシステム）上では論理的に単一のデータベースとして扱うが、実際のデータは行（レコード）単位で水平分割され、同じDBMSを運用する複数のデータベースサーバーに分散して記録することで負荷分散を実現する。

　イーサリアムにおけるシャーディング（図表7-6）は、ネットワークを分割し、「シャード」と呼ばれる新しいチェーンを作成することを意味する。まずは64のシャードの作成が予定されており、それぞれがこれまでのイーサリアムブロックチェーンと同じ役割を担えるため、ネットワークの輻輳を軽減し、スループットの向上が見込める。

　第1層のブロックチェーンに変更を加えるスケーリング手段としては、既存のデータベースのサイズを大きくするという方法もある。しかし、この方

法ではパワフルで高価なコンピュータが必要となるためノードの参加要件が厳しくなり、「分散性」という要素を満たすことが難しくなる。

　シャーディングでは、各シャードにデータを分散して保管することが可能で、個々のノードが処理しなければならないデータ量が小さくなる。このため、必ずしも高性能なコンピュータは必要なくなり、分散性を維持しながらスケーラビリティを向上させることができる。

　イーサリアムではシャーディングによって、現行の15TPSから1000TPS程度までのスループットの向上を見込む。しかし、1000TPSではまだ不十分であるため、後述する「ロールアップ」というオフチェーンスケーリングソリューションと組み合わせることで10万TPSの実現を目指している。

　なお、ロールアップと組み合わせて使用する前提のため、シャーディングされたチェーンでは、トランザクション処理やスマートコントラクトは実行できないようになっている。ロールアップでは、親となるメインのブロックチェーン（メインチェーン）の外でトランザクション処理を実施し、メインチェーンにデータを書き込むため、わざわざメインチェーンでトランザクション処理を実行する必要がないからである。

オフチェーンスケーリング

　オフチェーンスケーリングは、レイヤー1のブロックチェーン（メインチェーン）とは異なるネットワーク（オフチェーン）で取引を実行・処理し、最終的な取引結果のみをメインチェーンに戻して記録する。これによってメインチェーンの処理負荷を減らしながら、膨大な量のデータ処理が可能になり、ユーザーは高速に取引できるようになる。

　オフチェーンスケーリングのソリューションとしては、「サイドチェーン」のほか、「レイヤー2ソリューション」と呼ばれる「ステートチャネル」「ロールアップ」「プラズマ」「バリディウム」などがある。

　紛らわしいが、本書での「第2層」はブロックチェーンのスケーラビリティの向上を図る技術全般を指し、「レイヤー2ソリューション」は世間一般

で使用されているイーサリアムのオフチェーンスケーリングのソリューションを指す。なお、世間一般で使用されている「レイヤー1」と本書での「第1層」は同じ意味と捉えてもらって構わない。

　ここでは現在主流になっているレイヤー2ソリューションとしてロールアップとバリディウムに加え、レイヤー2ソリューションではないが、比較のためにオフチェーンスケーリングソリューションである「サイドチェーン」について解説する。

(1) サイドチェーン

　サイドチェーンはメインチェーンとは別のブロックチェーンを作り、並列で動作するブロックチェーンを指す。メインのブロックチェーンとの間は「双方向ペグ」と呼ばれる方法で接続し、メインチェーンからサイドチェーンへ、サイドチェーンからメインチェーンへと双方向で資産のやり取りができる（図表7-7）。メインチェーンのデジタル資産をサイドチェーンに転送するにはスマートコントラクトを使用する。この際、メインチェーンの資産をロックすることで2重支払いを防ぐことができる。

　多くのサイドチェーンは EVM と互換性があり、EVM用に開発されたスマートコントラクトを実行できる。つまり、イーサリアムのメインネット用に記述されたスマートコントラクトは、EVM 互換のサイドチェーンでも同じように動く。

　サイドチェーンのメリットはメインチェーンの高速化のほか、データを保存してトランザクション処理できるため、メインチェーンの負担を軽減できること、さらには新しいソフトウェアをメインチェーンにデプロイする前にサイドチェーンにデプロイしてテストできることである。後者については仮に問題があった場合、その影響はサイドチェーン内に閉じるため、メインチェーンに波及しないという利点がある。

　サイドチェーンはメインチェーンとは別の独立したブロックチェーンであるため、メインチェーンと異なるコンセンサスアルゴリズムやブロックパラメーター（ブロックの生成時間やブロックサイズ）を使用できる。このため、

図表7-7　サイドチェーンのイメージ

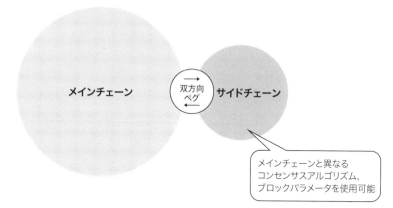

メインチェーンと異なる
コンセンサスアルゴリズム、
ブロックパラメータを使用可能

（出所）野村総合研究所

　たとえばPoWとは異なるアルゴリズムを採用することで、トランザクションを効率的に処理し、ガス代を安く済ませることができる。一方でメインチェーンのノードを所有していないため、イーサリアムの強力なセキュリティメカニズムが継承されない点には注意が必要である。

(2) ロールアップ

　ロールアップは、メインチェーンの外部のオフチェーンでトランザクションを実行し、実行した結果データのみをメインチェーンに記録することで処理速度を向上させる仕組みである。サイドチェーンと異なり、イーサリアムのセキュリティを利用できるというメリットがある。

　具体的には、オフチェーンで複数のトランザクションを実行したあと、結果のデータを圧縮し、バッチ処理によってメインチェーンに記録する。ここで問題になるのが、「記録されたデータは有効なのか？」、あるいは「悪意あるものではないのか？」という点である。この点に対する取り扱い方によって、ロールアップは「オプティミスティック（楽観的）ロールアップ」と「ZKロールアップ」の2つに分類できる。

　オプティミスティックロールアップは、トランザクションがデフォルトで

有効であると想定し、書き込まれるデータの有効性の検証に必要な計算を行わないロールアップである。そのため、処理速度を向上させることができる。デフォルトで有効であると想定する点が「楽観的」であることから、オプティミスティックロールアップと呼ばれる。

　もちろん、すべてのデータが有効であるとは限らない。そのため、正しくないケースを検出し、解決する「紛争解決メカニズム」を備えており、オフチェーンで実行されたトランザクションがメインチェーンに記録されたあと、誰でも不正の証明を提出することによって、トランザクションの結果に異議を唱えることができる。もし、不正があった場合、そのトランザクションを書き込んだ人にはペナルティが課され、ロールアップはトランザクションを再実行してロールアップの状態を正しく更新する。この異議申し立ての期間（約1週間）があるため、オプティミスティックロールアップではトランザクションのファイナリティ（確定）までに時間を要するのが欠点である。

　なお、オプティミスティックロールアップはオフチェーンでトランザクションを実行する際に、ロールアップに特化した独自バージョンのEVMを利用できる。独自バージョンではあるものの、EVMとの互換性は確保されているため、メインチェーンのスマートコントラクトをほぼそのまま移植できる。次に説明するZKロールアップは基本的にEVMとの互換性がなく、その点で違いがある。

　一方のZKロールアップはオフチェーンで実行したトランザクション結果をメインチェーンに書き込む際に、そのデータが正しいことを「ゼロ知識証明（zero knowledge proof）」という技術を使って証明する。ZKロールアップという名前は「ゼロ知識証明」の英文の頭文字が由来である。ゼロ知識証明を簡単に説明すると、「ある人が特定の事柄を証明したい時に、機密情報を明かさずに証明する方法」であり、次世代のプライバシー強化技術として注目されている暗号学の理論である。

　ZKロールアップでは、ゼロ知識証明を使ってメインチェーン側の検証者が正しいと判断したデータのみをメインチェーンに書き込むようになっている。そのため、オプティミスティックロールアップが備えている紛争解決メ

カニズムは不要である。このことは、各トランザクションの検証に必要なすべてのデータをメインチェーンに送信する必要がないことを意味し、オプティミスティックロールアップよりもトランザクションデータを圧縮できる。

　一方で、ゼロ知識証明を実行するためには、スペックの高いハードウェアが必要になるため、分散性が損なわれる恐れがある。また、オプティミスティックロールアップと異なり、EVMとの互換性確保が難しい点には注意が必要である。ただし、zkSyncやScroll TechなどEVM互換を目指して積極的に開発を進めているプロジェクトもあり、今後に期待は持てる。

　前述した通り、イーサリアムではロールアップとシャーディングを組み合わせることで10万TPSの実現を目指している。

(3) バリディウム（Validium）

　バリディウムはZKロールアップと同様に、ゼロ知識証明を使ってトランザクションの正当性を検証するソリューションであるが、すべてのトランザクションデータをオフチェーンに保存し、メインチェーンには一切保存しない点が大きな特徴である。また、メインチェーン上でバッチ処理したトランザクションデータを公開する必要はなく、ブロックのヘッダーのみが公開されるという点でもZKロールアップとは異なる。ただし、スペックの高いハードウェアが必要になる点、EVMとの互換性がなく、既存のスマートコントラクトを移植できないという点は共通している。

　バリディウムではメインチェーンにステートの更新情報とゼロ知識証明によるトランザクションの正当性の証明のみを記録することによって、1秒間に9000件程度のトランザクションを処理可能な高度なスケーラビリティを実現している。

　データをオフチェーンに保存することはセキュリティとのトレードオフになるが、正当性の証明が存在することで、サイドチェーンなどほかのオフチェーンスケーリングソリューションに比べて高いセキュリティが確保できる。

　一方、オフチェーンにデータを保存するバリディウムでは、預けた資金が

凍結されたり、引き出しが制限されたりする恐れがある点には注意が必要である。これは、悪意を持った「データ可用性マネージャー」[注1]がオフチェーンのステータスデータをユーザーに提供しない場合に発生する可能性があり、現在、さまざまなプロジェクトがこの問題の解決に向けて取り組みを続けている。

オフチェーンスケーリングの本命はどれか

ここまで説明してきたように、すでに複数のオフチェーンスケーリングソリューションが提案されている状況であるが、今後はどの方式が主流になっていくのだろうか。図表7-8に各方式を簡単に比較した。

そもそもの目的がスケーリングであるため、パフォーマンスに着目するとプロジェクトによって違いはあるものの、1万TPS以上を実現しているサイドチェーンに目が行く。EVMとの互換性もあり、マシンスペックも標準的で構わないという点がプラスであるが、イーサリアムのセキュリティが利用できないという点は大きなマイナスとなる。独自のコンセンサスアルゴリズムを利用できるという点も、イーサリアムがPoSに移行した今となっては優位性が薄れる。

9000TPSのバリディウムも有望なソリューションであるが、ロールアップと比較すると、やや分が悪い。ロールアップはイーサリアム2.0に移行後、シャーディングとの組み合わせによって10万TPSを実現する見通しであり、イーサリアムのセキュリティの利用可否の面でもロールアップに軍配が上がる。

では、ロールアップの2方式ではどうか。オプティミスティックロールアップはEVMとの互換性が確保されており、特別なハードウェアを必要としないという利点がある。一方で、トランザクションのファイナリティまでに時間を要するのが大きなネックである。ZKロールアップはこの点で優位に

(注1) すべてのノードがトランザクションの検証に必要なデータにアクセスできるようにする機能。

図表7-8　オフチェーンスケーリングソリューションの比較

			サイド チェーン	オプティ ミスティック ロールアップ	ZKロール アップ	バリディウム
1	セキュリティ	イーサリアムのセキュリティの利用可否	不可	利用可	利用可	不可
		経済攻撃に対する脆弱性	やや弱い	やや弱い	強い	強い
		暗号技術	標準	標準	ゼロ知識証明	ゼロ知識証明
2	パフォーマンス	最大スループット (イーサリアム1.0)	1万TPS以上	1000～ 4000TPS	1000～ 4000TPS	9000TPS以上
		最大スループット (イーサリアム2.0)	1万TPS以上	10万TPS以上 (+シャーディング)	10万TPS以上 (+シャーディング)	9000TPS以上
3		ファイナリティまでの時間	N／A	1週間程度	10分程度	10分程度
4		トランザクションデータの保存場所	オフチェーン	オンチェーン	オンチェーン	オフチェーン
5		EVMとの互換性	○	○	△ (一部ソリューションであり)	△ (一部ソリューションであり)
6		ハイスペックなハードウエアの必要性	必要なし	必要なし	必要あり	必要あり

（出所）野村総合研究所

立つ。また、EVMとの互換性に関してもPolygon HermezやzkSyncなどが相次いでEVMと互換性がある「zkEVM」を発表しており、いずれ互換性が確保される目途が立っている。特別なハードウェアが必要になるという課題は残るものの、ムーアの法則が依然として成立している現在、時間が解決してくれる公算が大きい。このため、将来的にはZKロールアップが主流になっていくと予想される。

　参考までに図表7-9にレイヤー2のスケーリングプロジェクトのTVLランキング上位20と、各プロジェクトが採用しているソリューションを示した（サイドチェーンはレイヤー2ソリューションでないため、集計の対象外）。

　シェア上位のArbitrum OneとOptimismを含む5プロジェクトがオプティミスティックロールアップを採用しているが（オプティミスティックロールアップとオプティミスティックチェーンはほぼ同じと考えてよい）、採用しているプロジェクト数でいえば、ZKロールアップが半数の10を占めてお

図表7–9 レイヤー2スケーリングプロジェクトのTVLランキングと
採用ソリューション

	プロジェクト名	TVL	市場シェア	スケーリングソリューション
1	Arbitrum One	$2.37B	51.36%	オプティミスティックロールアップ
2	Optimism	$1.40B	30.39%	オプティミスティックロールアップ
3	dYdX	$358M	7.75%	ZKロールアップ
4	Metis Andromeda	$125M	2.71%	オプティミスティックチェーン
5	Loopring	$116M	2.51%	ZKロールアップ
6	Immutable X	$60.33M	1.30%	バリディウム
7	zkSync	$52.07M	1.12%	ZKロールアップ
8	ZKSpace	$39.26M	0.85%	ZKロールアップ
9	Boba Network	$27.43M	0.59%	オプティミスティックロールアップ
10	rhino.fi	$21.29M	0.46%	バリディウム
11	Sorare	$19.70M	0.43%	バリディウム
12	Aztec Connect	$6.78M	0.15%	ZKロールアップ
13	ApeX	$4.61M	0.10%	バリディウム
14	Arbitrum Nova	$3.07M	0.07%	オプティミスティックチェーン
15	OMG Network	$3.03M	0.07%	プラズマ
16	Aztec	$2.54M	0.05%	ZKロールアップ
17	ZKSwap 1.0	$1.74M	0.04%	ZKロールアップ
18	StarkNet	$1.36M	0.03%	ZKロールアップ
19	Polygon Hermez	$302K	0.01%	ZKロールアップ
20	ZKSwap 2.0	$252K	0.01%	ZKロールアップ

（出所）L2BEAT（https://l2beat.com/scaling/tvl）2022年10月8日〜15日

　り最も多い。バリディウムは4つのプロジェクトで採用されている。

　　イーサリアムの共同創設者Vitalik Buterin氏は、「現時点ではオプティミ
スティックロールアップの方が相対的に発展している」としながらも、「長
期的にはZKロールアップがオプティミスティックロールアップよりも普及
する」との見解を示しており、この結果は同氏の見解を裏付けているように
見える。

第3層（ミドルウェア層）

　第3層は基本的には単体では機能せず、特定のユースケースに特化したミドルウェア的に利用される。オラクル、ブロック・エクスプローラー、インデックス作成などが該当する。

オラクル

　IT業界で「オラクル」と言うとデータベースやERPなどの企業向けアプリケーションを提供する巨大ソフトウェアベンダーを思い浮かべるかも知れないが、ここでのオラクルは違う意味である。オラクルという単語を辞書で調べると、「神託」「預言者」といった意味があることがわかる。ブロックチェーンの文脈では前者の神託に近い意味合いで使われ、株価や気象情報などの実世界のデータをAPI経由でブロックチェーン上のスマートコントラクトに提供するデータフィードを指す。つまり、オラクルはブロックチェーンに現実世界と通信する方法を与えるという意味で非常に大きな役割を果たす。

　代表的な使い方はDeFiアプリケーションにおけるトークンなどの価格データの参照であり、「価格参照オラクル」と呼ばれる。名前が示す通り、DeFi上で指定したデータ提供元からアセットやトークン価格の取得を可能にするもので、ビットコインやイーサの現在価格を定期的に取得するといった使い方ができる。

　オラクルで重要なのはデータの信頼性、正確性に尽きるといってよい。たとえば、DeFiのレンディングサービスでは最低125〜150％以上の過剰担保をもとに貸付を行うが、預けた担保資産の値上がり・値下がりによって借りられる金額も変わってくる。そのため、価格参照オラクルで取得する価格が信頼できなければ、このサービス自体が成り立たなくなるといっても過言ではない。そのため、オラクルに供給されるデータの正確性はスマートコントラクトに渡される前に必ずチェックされる。

図表7-10　オラクルのイメージ

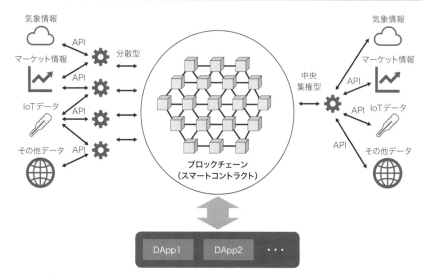

（出所）野村総合研究所

　オラクルのアーキテクチャには「中央集権型」と「分散型」の2つがある（図表7-10）。中央集権型は、APIで外部データを取得した単独の主体がオラクルとなり、スマートコントラクトへデータを送信する。仕組みがシンプルである反面、データの提供主体に対する信用が不可欠でオラクル自体がシステムにおける単一障害点になるリスクもある。実際、DeFi基盤で使用されているオラクルの脆弱性を突いた攻撃によって、多大な資金が流出する事件も断続的に発生している。

　これに対して、分散型では複数のデータソースやオラクルを利用することで、こうしたリスクを回避できるように設計されている。多くのプロジェクトで使用されているオラクル「Chainlink」はこの分散型のアーキテクチャを採用している。

ブロック・エクスプローラー

　ブロックチェーン上で行われたトランザクションを検索、確認、検証でき
る検索エンジンである。暗号資産の取引履歴はすべてブロックチェーンに記
録されているため、ブロック・エクスプローラーを使えば、誰でもブロック
チェーンに記録されている情報（トランザクションID、送付先・受取りア
ドレス、手数料、トランザクションステータスなど）を検索できる。

　また、ブロックチェーンネットワーク全体のセキュリティを高めるために
作成・維持されており、ユーザーの疑わしい行動を監視し、検出することも
できる。たとえば、大量の暗号資産が取引所に送金されると大きな売りをし
ている可能性があるため、アラートが通知される。

　すでにいくつものブロック・エクスプローラーが存在しており、サービス
ごとにカバーしているブロックチェーンが異なるほか、検索できる内容や検
索以外の機能（ウォレットや開発者向けAPIの提供など）もさまざまである。
たとえば、代表的なイーサリアム用のブロック・エクスプローラーである
Etherscanでは、トランザクションID を使用して、トークン、スマートコ
ントラクト、ウォレットアドレスなど、関連するすべてのアクティビティを
確認できる。こうした基本機能はアカウントを作成しなくても無料で利用で
きるが、アカウントを作成するとアラートを設定してトランザクションの受
信を通知したり、開発者ツールにアクセスしたり、データフィードを作成し
たりといった追加機能を利用できる。

　ブロック・エクスプローラーはトランザクションのステータスを確認した
い場合や、利用しているDAppsのスマートコントラクトを確認（正しいコ
ントラクトに暗号資産を送っているかどうか）したい場合などに気軽に使用
できる便利なツールである。

　後述する開発フレームワークにプラグインとして組み込まれていることが
多く、スマートコントラクトをデプロイし、その直後にEtherscanなどのブ
ロック・エクスプローラーで正しくコントラクトが実行できているかを検証

する、といった使い方ができる。

インデックス作成

　イーサリアムをはじめとするブロックチェーンのデータをインデックス化してクエリするための分散型プロトコルである。一般的に、データが単一のサーバーに格納されている場合はデータの検索は比較的容易である。しかし、ノードが分散して存在するブロックチェーンの特性上、データの検索は簡単ではない。

　また、複雑なスマートコントラクトを持つプロジェクトやブロックチェーンにデータを保存しているNFTは、基本的なデータ以外をブロックチェーンから直接読み取ることは難しい。

　たとえば、あるNFTの所有者を取得したり、ID に基づいてコンテンツのURI（Uniform Resource Identifier）を取得したり、総供給量を取得したりといった基本的な読み取り操作は、スマートコントラクトに直接プログラムされているので実行できる。しかし、集約、並べ替え、全文検索、フィルタリングなど、より高度なクエリや操作となるとお手上げである。あるアドレスが所有している NFT を問い合わせて、その特徴の一つでフィルタリングしたいと思っても、コントラクトに直接問い合わせて回答を得ることはできない。さらにファイナリティ、チェーンの再編成などのブロックチェーンの特性は問題をさらに複雑にする。

　The Graphに代表されるインデックス作成ツールはブロックチェーンデータにインデックスを付けることによって、この問題を解決しようとしている。インデックスがあることで、ブロックチェーンにデータを書き込むプロジェクトがデータを提供しやすくなり、データを利用するユーザーは「GraphQL」というAPI向けの汎用的なクエリ言語を使ってデータにアクセスできるようになる。

　Webのインデックス作成といえばWeb2.0時代の勝者であるグーグルを連想するが、The Graphは「ブロックチェーンのGoogle」とも呼ばれてい

る。「GRT」という独自のトークンを発行し、参加者に報酬を付与することでインデックスの作成を分散型で行おうとしている。

第4層（開発ツール層）

スマートコントラクトやブロックチェーン上でアプリケーションを開発する際に必要になる開発言語やライブラリ、開発フレームワークなどの開発リソースが該当する。

スマートコントラクト開発言語

スマートコントラクトを記述するための言語として真っ先に名前が挙がるのは、間違いなくSolidityであろう。SolidityはVitalik Buterin氏が開発したプログラミング言語で、EVM互換のブロックチェーンのデファクトスタンダードの開発言語として、イーサリアムをはじめ、Avalanche、Polygon、BSCなど、EVMを採用しているほとんどのスマートコントラクトプラットフォームで動作する。DeFiに関するさまざまな情報を提供しているWebサイト「DefiLlama」によると、開発言語別のTVLのシェアでSolidityは約87％という圧倒的なシェアを誇っている（本稿執筆時）。

次点はVyperで、シェアはSolidityにはかなり水をあけられて9％になる。VyperもEVM互換言語であるが、SolidityがJavaScriptやC++に影響を受けているのに対し、VyperはPythonベースの言語である。日頃からPythonを使用している開発者であれば、Vyperに触れてみるのもいいだろう。

一方、EVM互換ではないSolanaやPolkadotなどのブロックチェーンにデプロイする場合はRustが候補に入ってくる。Rustはスマートコントラクト以外でも使用される汎用的な高水準言語で、シェアは2％程度となっている。

　これらの言語は高水準言語であるため、そのままではEVMで実行できない。EVMで実行できるようにするためには、ソースコードをコンパイルして機械で読み取り可能なバイトコードに変換する必要がある。

ライブラリ

　DAppsの開発時に使用するライブラリとしては、ローカルまたはリモートのイーサリアムネットワーク上のデータを扱えるようにするweb3.js、ethers.jsや、Solidityでスマートコントラクトを記述する際に使用されるOpenZeppelinが有名である。

web3.js、ethers.js

　EVM互換のブロックチェーン上で開発する際は、JavaScriptライブラリであるweb3.jsとethers.jsのどちらかが使用されることが多い。web3.jsはイーサリアムファウンデーションによって開発されたため、大規模なコミュニティが存在する点が強みである。一方、ethers.jsはRichard Moore氏個

図表7-11　web3.jsとethers.jsの比較

	web3.js	ethers.js
最初のリリース	2015年2月	2016年7月
開発者	イーサリアムファウンデーション	Richard Moore氏（個人）
GitHubでのスター数	1万6300	5800
ダウンロード数（総計）	5780万3348	5987万9448
ダウンロード数（1カ月間）	244万236	388万1891
アクティブなイシュー数（1カ月間）	87	34
上記のうち、クローズされた数（1カ月間）	44	9
コントリビューターの数	303人	15人

（出所）GitHub、npmなどをもとに作成（データは2022年10月17日時点のもの）

人によって開発されており、メンテナンスもかなりの部分をRichard Moore氏個人に依存している。web3.jsとethers.jsの比較を図表7-11に示した。

　GitHubのデータを見ると、リリース時期が早かったweb3.jsの方が、スター数が多くなっているものの、本稿執筆時にはトータルのダウンロード数、直近1カ月間のダウンロード数ともにethers.jsが上回っている。一方で、アクティブなイシュー数とクローズされたイシュー数はweb3.jsが上回り、コントリビューターの数から見ても、web3.jsの方が、コミュニティが活発に活動している様子がうかがえる。市場ではどちらも高い評価を受けており、どちらを選択しても問題はないといえる。

OpenZeppelin

　OpenZeppelinはスマートコントラクト用のライブラリである。Solidityでスマートコントラクトを記述する際の標準ライブラリとしての地位を確立しており、NFT（ERC-721）やERC-20といったイーサリアムブロックチェーン規格に準拠したトークンを発行するスマートコントラクトを容易に作成できる。

　セキュアなコードパターンが適用され、テストやコミュニティによるコード監査が徹底的に行われた検証済みのライブラリであるため、脆弱性などのリスクを最小限に抑えながらアプリケーションを開発できる。いわば、スマートコントラクトを開発するためのベストプラクティスが実装されているライブラリであるため、積極的に活用すれば「車輪の再発明」を行うことなく、開発時間を大幅に短縮できる。

開発フレームワーク

　スマートコントラクトなどを開発・テストするためのフレームワークであり、ソースコードのコンパイル、ローカルノードでのテスト、開発用ブロックチェーンへのデプロイ、およびデバッグなどの機能を持つのが一般的であ

図表7-12　主な開発フレームワーク

	フレームワーク名	言語	概要
1	Hardhat	JavaScript	イーサリアムアプリケーションをコンパイル、デプロイ、テスト、デバッグ可能なJavaScriptベースのフレームワーク。Truffleと異なりHardhat自体がEthereum互換のネットワーク（ローカルネットワーク）を構築できるため、HardhatのみでSolidityで作ったスマートコントラクトのコンパイル・テスト・デプロイが可能。開発体験に優れ、ドキュメントも充実していることから、現在最も人気がある
2	Truffle	JavaScript	JavaScriptベースのイーサリアムアプリケーションの包括的な開発スイートで、コンパイル、デプロイ、テストを実行できるほか、DAppsのフロントエンドの構築もできる。他のフレームワークよりも早い2016年にリリースされ、他のフレームワークに与えた影響も大きいが、近年はHardhatに押され気味
3	Brownie	Python	Pythonベースの開発環境。SolidityとVyperをフルサポートしており、pytestフレームワークの採用によってテストカバレッジの評価も可能。Pythonスタイルのトレースバックなどの強力なデバッグツールも備える
4	Foundry	Rust	ベンチャーキャピタルのParadigmが開発したフレームワーク。Truffleと同様のWeb3開発者向けの開発スイートでコンパイルやテストの速さが最大の特徴。Fuzz Testingなど高度なテストをネイティブ実装している

（出所）野村総合研究所

る。

　現在、人気のあるフレームワークとしてはHardhat、Truffle、Brownie、Foundryなどが挙げられる（図表7-12）。Hardhat と Truffle は JavaScriptベース、Brownie は Python ベース、Foundry は Rust ベースのフレームワークである。

Hardhat

　Hardhat は一般的な Web3 アプリケーションの開発に必要な機能を一通り備えた包括的な開発フレームワークで、イーサリアムベースのコードベースをコンパイル、デプロイ、デバッグ、テストすることができる。Hardhatの特徴は豊富なプラグインとアドオンによって柔軟な開発プロセスを実現できる点、テストスピードの速さである。たとえば、前述したブロック・エク

スプローラーのEtherscanやライブラリのweb3.js、ethers.jsなどがプラグインとして利用できるようになっている。

　また、開発コミュニティも活発に活動しており、デバッグやエラーのトラブルシューティングの際には広範なナレッジベースが利用できる。

Truffle

　Truffle は単一のツールではなく、Truffle、Ganache、Drizzleの 3 つから構成される包括的な開発スイートで、EVM 互換コードのコンパイル、デプロイ、テストを実行できるほか、DAppsのフロントエンドの構築もできる。メインの環境となるのはTruffleで、デプロイパイプライン、テスト用のフレームワークとして機能する。Ganacheはローカルチェーンをデプロイする際に使用し、Drizzleはフロントエンドインターフェースの構築を可能にするライブラリ集である。

　ほかのフレームワークよりも早い 2016 年にリリースされ、長らくデファクトスタンダードであったため使用しているプロジェクトは多く、簡単にサンプルを見付けることができる。ただし、テストスピードはHardhatよりも遅く、近年はJavaScript ベースのフレームワークとしてはHardhatの方が勢いがある。

Brownie

　BrownieはHardhat、Truffleと異なり、Pythonベースの開発フレームワークである。EVMを対象とし、SolidityとVyperをフルサポートしているほか、pytestフレームワークの採用によってテストカバレッジの評価も可能となっている。Pythonスタイルのトレースバックやカスタムエラー文字列などの強力なデバッグツールも備えており、Curve Finance、yearn.financeなどのDeFiの有名プロジェクトで使用されている。日頃からPythonを使用しているエンジニアであれば、Brownieは有力な選択肢となる。

Foundry

　FoundryはRustベースのフレームワークで、非常に高速で移植性が高く、かつモジュール化されたツールキットである。Truffleと同様にFoundryも単一のツールではなく、テストツールの「Forge」、スマートコントラクトとの通信を行うクライアント「Cast」、ローカルイーサリアムノード「Anvil」の3つから構成されている。

　Rustベースであることに加えて、ほかのフレームワークと異なり、スマートコントラクトのテストコードをJavaScript ではなくSolidityで記述することができるため、型などについて頭を切り替える必要がなくなり、テストやコンパイルの高速化を実現している点が特徴である。FoundryのGitHubのページではHardhatとのコンパイル速度を比較したベンチマークテストの結果（図表7-13）を掲載しており、Hardhatよりも高速であることをアピールしている。

　また、Fuzz Testing[注2]という高度なテストもネイティブ実装しており、

図表7-13　ForgeとHardhatのコンパイル速度の比較

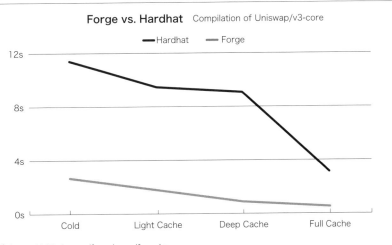

（出所）https://github.com/foundry-rs/foundry

（注2）ソフトウェアのバグや脆弱性を検証するためのテスト手法の一種で、エラー成分が含まれたさまざまな命令パターンをあらかじめ実行させてエラーの発生を調べること。

簡単に実行できる。そのため、堅牢なセキュリティが求められるスマートコントラクト開発には大いに役立つ。

　一方、先に紹介したフレームワークに比べてリリースされてから日が浅いため、Hardhatなどに比べるとプラグインの数も少なく、採用しているプロジェクトもまだ多くない。そのため、巷に出回っている情報が少ないのが難点である。また、Foundryにネイティブで存在するライブラリの使い方を覚える必要があるため、テストを書く際のコストも余計にかかる点には注意が必要である。

一番人気はHardhat

　Solidityを開発しているオープンソースコミュニティが2021年11月に全世界のSolidityの開発者を対象に実施した「Solidity Developer Survey 2021」の調査結果[注3]によると、イーサリアムブロックチェーンの開発環境として最も人気があるのはHardhatで、全回答者の約 64%が使用している（2020年の38.6%から増加）。次いで人気があったのはTruffleとRemixで、それぞれ約 26%、24%の回答者が使用している（図表7-14）。2020年の調査では、Truffleが約59%、Remixは約50%のシェアであったため、この2つが大幅にシェアを落とし、代わってHardhatが大きくシェアを伸ばしたことがわかる。

　Remixについては本稿では詳しく説明していないが、開発フレームワークというよりはIDE（統合開発環境）と呼ぶのが適切なツールであり、Solidityで記述されたコードをコンパイルするのにも使用できる。ただし、小規模なプロジェクトに適しており、スマートコントラクトにより多くのロジックを統合し始めると、ローカル開発チェーン、メインネット、またはテストネットでプロジェクトを効率的にテストしたり、デプロイしたりするための別のツールが必要になる。

（注3）73カ国435人の開発者から回答があった。

図表7-14　スマートコントラクトを記述する際に使用している開発環境

■スマートコントラクトを記述する際に使用しているイーサリアムの開発環境はどれですか？

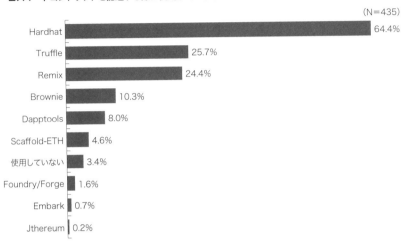

(N=435)

環境	割合
Hardhat	64.4%
Truffle	25.7%
Remix	24.4%
Brownie	10.3%
Dapptools	8.0%
Scaffold-ETH	4.6%
使用していない	3.4%
Foundry/Forge	1.6%
Embark	0.7%
Jthereum	0.2%

(出所) https://blog.soliditylang.org/2022/02/07/solidity-developer-survey-2021-results/をもとに作成

4位以下はBrownie（10.3％）、Dapptools（8.0％）、Scaffold-ETH（4.6％）、Foundry/Forge（1.6％）、Embark（0.7％）となっている。回答者の3.4％は、イーサリアムに特化した開発環境を使用していない。

第5層（アクセス層）

　第5層はエンドユーザーがブロックチェーンとやり取りするためのユーザーインターフェースであり、暗号資産用のウォレットのほか、NFTマーケットプレイスやDeFi、GameFiなどのアプリケーション、ENS（イーサリアム・ネーム・サービス）などが該当する。ここでは、ウォレットとENSについて説明する。

ウォレット

　ある程度の容量でスマートコントラクトをデプロイする場合、資金を保管するためのウォレットが必要になる。ウォレットとしてはホットウォレットであるMetaMaskが有名であるが、それ以外にもコールドウォレットやマルチシグウォレットなどがある。

　ホットウォレットは常にインターネットに接続しているため、ユーザーは即時かつ簡単にトランザクションを実行できる反面、ハッキングやウイルス感染などのリスクがある。万が一、ハッキングに遭い、シードフレーズや秘密鍵が流出してしまった場合はウォレットに保管している全資産を失う恐れがある。実際、メールのフィッシング詐欺と同様にTwitterやDiscord、TelegramのDM（ダイレクトメッセージ）を利用して、ウォレットのシードフレーズを入力させる詐欺が横行しており注意が必要である。

　一方、コールドウォレットはインターネットから遮断された環境で利用する。即時送金はできず、取引するためには一度オンライン環境に移動させる必要がある。そのため利便性は劣るが、ハッキングの脅威に対する安全性は高い。コールドウォレットには、秘密鍵の情報を印刷して保管する「ペーパーウォレット」や専用デバイスで秘密鍵情報を保管する「ハードウェアウォレット」がある。ハードウェアウォレットはUSBケーブルでPCやスマートフォンなどに接続して使用するもので、TrezorやLedgerなどが有名である。

　マルチシグウォレットは文字通り、トランザクションを実行するために複数の署名が必要になるウォレットである。仮に1つのウォレットが攻撃されたとしても、あらかじめ決められた数のウォレットがトランザクションを確認・承認しなければトランザクションが実行されることはなく、単一障害点をなくすことができる。

　セキュリティが大幅に強化されるため、多額の資金を処理し、安全を確保したい開発者にとって強力なツールとなる。マルチシグウォレットとしては

Gnosis Safeが有名であり、yearn.finance DAOやAave DAOなど多くの DAOで使用されている。

　実際のプロジェクトではこれらのウォレットを任意に組み合わせて使用できる。たとえば、頻繁にアクセスする必要がある少額資金にはホットウォレットを、長期間アクセスしない資金にはコールドウォレットを、厳重に保護したい重要な資金にはマルチシグウォレットを使用するといった具合だ。

　なお、詳細は後述するが、サーバーを持たないWeb3アプリケーションではウォレットが従来のログインを代替する役割を果たす。たとえば、ウォレットとしてMetaMaskを利用する場合、アプリケーションはユーザーに「署名」を要求する。ユーザーは署名することによってアイデンティティを証明することができる。この時、TwitterやFacebookのIDで認証するWeb2.0のアプリケーションとは異なり、MetaMaskはユーザーのデータを一切保存しない。

ENS (Ethereum Name Service)

　ENSはインターネットにおけるDNS（Domain Name System）のようなサービスであり、「Web3版のDNS」とも呼ばれる。DNSがドメイン名とIPアドレスを紐付けるシステムであるように、ENSは0xから始まる42文字の複雑な文字列のイーサリアムのウォレットアドレスに、人間が認識しやすい名前を紐付けられるサービスである。

　ENS名は「○○.eth」という形式が一般的で、筆者の場合であればmakotoshirota.ethといったドメインを購入し、それを「0x3bsfjbk234basf8iwerb….」のような形式のイーサリアムウォレットのアドレスに関連付けることが可能である。そのため、ENSに対応したウォレットのユーザーは、アドレスではなくENS名を指定して送金できるようになる。

　ここで思い出されるのが1990年代にDNSで横行した「サイバースクワッティング」である。サイバースクワッティングとは、企業やブランド名などの文字列を含むドメイン名を先に登録し、高値で転売しようとする行為であ

る。「.eth」というイーサリアムアドレスは企業などがWeb3の世界でサービスを展開する際に必須となるため、ENSでもすでにサイバースクワッティングが始まっている。

　たとえば、starbucks.ethやsamsung.ethが9万ドルを超える価格で落札されたほか、ENS開始時のオークションで1eth以下（2019年4月時点で2万円以下）で取得されたamazon.ethは、2022年7月にNFTマーケットプレイスのOpenSeaで100万ドルという高額で入札され話題となった。

　OpenSeaのようなNFTマーケットプレイスで取引ができるのは、ENSで提供される.ethドメインの実体がイーサリアムの標準規格でNFTを表すERC-721だからである。そのため、ユーザー間での譲渡やマーケットプレイスでの取引が柔軟にできる。

　ENSはスマートコントラクトとして実装され、イーサリアムネットワーク上で稼働している。また、イーサリアム以外にもビットコイン、ライトコイン（Litecoin）などのアドレスを扱えるだけでなく、電子メール、URL、Twitter、Discordのアカウントなども設定できるため、ENS名はいわばIDのように利用できる。

Web2.0とWeb3アプリケーションのアーキテクチャの違い

　最後にここまで説明した技術要素を踏まえつつ、Web3アプリケーション（DApps）のアーキテクチャをWeb2.0アプリケーションとの違い（図表7-15）に着目しながら簡単に見ていこう。

　一般的にWeb2.0のアプリケーションはフロントエンド、バックエンド、データベースという3つのコンポーネントで構成される。フロントエンドはユーザー（クライアント）の目に直接触れる部分である。アプリケーションのUIロジックを定義するために、最近では、Angular、React、Vue.jsなどのJavaScriptのフレームワークやライブラリを使用して開発されることが多い。

図表7-15　Web2.0とWeb3アプリケーションのアーキテクチャ

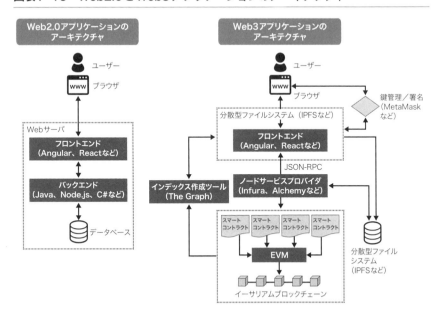

（出所）https://www.preethikasireddy.com/post/the-architecture-of-a-web-3-0-application#Storyをもと
　　　に作成

　バックエンドはサーバーサイドのアプリケーションで、ユーザーが入力し
た内容などのデータ処理やデータベースへの保存などを含むビジネスロジッ
クの処理を担う。APIを通じてクライアントサイドと対話し、Java、Node.
js、C#、Ruby、Pythonなどの言語を使用して記述される。

　データベースは基本的にクライアントとサーバー間のデータをすべて保存
し、NoSQLまたはSQLデータベースが使われることがほとんどである。

　対するWeb3アプリケーションは非中央集権であることが一番の特徴であ
る。中央集権的なデータベースやウェブサーバーは存在せず、代わりにブロ
ックチェーンを利用して匿名のコンピュータによって維持される分散ステー
トマシン上でアプリケーションを構築する。

　「ステートマシン」とは、特定のプログラムの状態とそのマシンで許可さ
れる将来の状態を維持するマシンを意味する。ブロックチェーンはステート

マシンとして機能し、事前に定義されたルールの検証を通じてプログラムの状態や安定性を維持する。非中央集権であるため、この分散型のステートマシンを制御するエンティティは一つもなく、ネットワーク内の全員によって集合的に維持管理される。

　バックエンドの処理は、アプリケーションのロジックを定義するスマートコントラクトをSolidityやVyperで記述し、分散したステートマシンにデプロイすることによって行われる。つまり、誰でも共有ステートマシンにコードをデプロイすれば、ブロックチェーンのアプリケーションを構築できることを意味する。

　スマートコントラクトで定義されたロジックを実行し、状態変化を処理するのがEVMである。前述した通り、EVMはスマートコントラクトの記述に使用されるSolidityやVyperなどの高水準言語を認識しないため、バイトコードにコンパイルする必要がある。

Web3のフロントエンド

　Web3アプリケーションにおけるフロントエンドはUI ロジックを定義するほか、スマートコントラクトで定義されたアプリケーションロジックとのコミュニケーションが重要になる。

　ブロックチェーンのネットワークでは、ネットワーク内のすべてのノードがスマートコントラクトに関連付けられたコードとデータを含むステートマシン上のすべての状態のコピーを保持している。フロントエンドがスマートコントラクトを操作したい場合、これらのノードのいずれかを操作する必要がある。これは任意のノードが EVM で実行されるトランザクションの要求をブロードキャストできるためであり、その後、マイナーはトランザクションを実行し、結果として生じる状態の変化をほかのノードと同期する。

　新しいトランザクションをブロードキャストするには、

　・イーサリアムブロックチェーンソフトウェアを稼働させる独自ノードを

　　セットアップする

　・前述したInfura、Alchemy、QuickNodeなどのノードサービスプロバイダが提供するノードを使用する

といった方法がある。しかし、前述したように独自のサーバーに新しいイーサリアムノードをセットアップするのは骨の折れる作業であり、さらにノードを追加してスケールさせるとなると困難を極める。そのため、ノードサービスプロバイダを利用するのが賢明であろう。

　すべてのイーサリアムクライアント（プロバイダ）は、ブロックチェーンのネットワークと通信するためにJSON-RPC仕様を実装しており、HTTPまたはWebSocketを介して通信が行われる。

　プロバイダを介してブロックチェーンに接続すると、クライアントはブロックチェーンに保存されている状態を読み取れるようになる。しかし、書き込みを行う場合はトランザクションをブロックチェーンに送信する前に、クライアントの秘密鍵で署名する必要がある。ここで登場するのがMetaMaskである。MetaMaskはアプリケーションが秘密鍵の管理とトランザクションへの署名を簡単に処理できるようにするツールであり、ユーザーの秘密鍵をブラウザに保存すると同時に、クライアントがトランザクションリクエストを行うたびに署名する。

データの保存は分散型ファイルシステムを利用

　ブロックチェーンにスマートコントラクトとデータすべてを保存すると、トランザクションのたびにガス代が必要になるため現実的ではない。そのため、前述したIPFSなどのオフチェーンにデータを保存する分散型のファイルシステムを利用するのが合理的である。IPFSでは集中型データベースにデータを保存するのではなく、ピア・ツー・ピアネットワークに分散して保存する。

　なお、フロントエンドのコードをAWSなどのクラウド上で稼働させるこ

ともできるが、その場合、単一障害点が生まれてしまうだけでなく、真の分散型アプリケーションにはならない。そのため、完全な分散型としてアプリケーションを構築したい場合は、IPFS などの分散型のファイルシステムにフロントエンドもホストすることで実現できる。

　また、ブロックチェーンやピア・ツー・ピアネットワークに保存されているスマートコントラクトからデータを読み取る場合は、インデックス作成ツールのThe Graphが活用できる。ブロックチェーンデータのインデックスを作成することで、アプリケーションロジック内のデータを遅延なくクエリできるようになる。

第 **8** 章

真の分散型社会は
実現するか

　第1章で説明したように、Web3に関連したサービスのすべてが非中央集権で実装されているかというとそうはなっていない。NFTマーケットプレイス最大手のOpenSeaやコミュニケーションツールのDiscordのほかにも、中央集権型の大手暗号資産取引所が発行しているウォレットもそうである。このように、結局はどこかでWeb2.0的な中央集権型のサービスを利用しているのが現在のWeb3の実態である。

　すべてを非中央集権にする必要があるのかという点については議論の余地があるが、OpenSeaで販売されているNFTが本物なのか否かを「検証済みバッジ」に依存している状況には疑問符が付く。たとえば、Twitterでは前澤友作氏の「お金配り企画」で話題になったように、「認証済みバッジ」が付いた有名人のアカウントが偽アカウントだったということは珍しくない。中央集権的な企業が発行する「検証済み」や「認証済み」バッジに全幅の信頼を寄せるのは必ずしも正しいとはいえない。

　DAOにおける投票ではウォレット活用の是非が問題視されている。ウォレットアドレスは制限なくいくつでも持つことができるため、これを悪用すれば1人1票というルールであっても1人のユーザーが複数のウォレットを保有し、投票権を獲得して都合のいい意思決定を行うことができるからである。もっとも、これは中央集権の弊害というよりは、Web3サービスの前提である「匿名で本人確認なしに」利用できるという点が仇になっている。本人確認のプロセスがないため、ウォレットアドレスに誰が紐づいているのかを判別できないのである。

　このような状況を打開すると期待されているのが、イーサリアム創設者のVitalik Buterin氏らによって提案されているSBT(Soulbound Token)である。SBTは2022年5月に同氏を含む3名によって提出された論文「Decentralized Society: Finding Web3's Soul（分散型社会：Web3の魂を見付ける）」で提唱され、NFTの次に来るものとして注目されている。

SBTとは何か

　この論文の中でButerin氏らは「今日のWeb3は信頼という社会的関係をエンコードするよりも、譲渡可能で金融化された資産を表現することに重点を置いている。しかし、無担保融資など金融取引の経済的価値は本来、持続的で譲渡することができない人間同士の関係によって生み出される。だが、Web3はそうした社会的アイデンティティを表現できないため、アパートの賃貸契約のような単純な契約もままならず、結局はWeb2.0の中央集権的な構造に依存してしまっている」と指摘している。

　こうした現状のWeb3の課題を解決するものとして提案しているのが、SBT（Soulbound Token）と呼ばれる譲渡不可能なトークンである。Soulは「魂」と訳したくなるが、辞書で調べると「特質」「本質」といった意味もあり、ここでの意味はそれに近い。つまり、「Soulbound Token＝本質と結びついたトークン」といった意味だと理解すればよい。

　具体的には個人の保有する資格やスキル、経歴、所属するコミュニティなどの属性を証明する一種の履歴書のように機能するトークンで、「ソウル」はトークンを発行したり格納したりする譲渡不可能な（ただし発行者によって取り消し可能）アカウント、またはウォレットアプリのようなイメージである。

　SBTは履歴書のように自分で作成するだけではなく、ほかの人や組織が発行してもよい。たとえば、大学が発行する卒業証書、資格試験に合格したことを主催団体が証明する合格証、ファンクラブの会員証などで、むしろ、こちらの使い方がメインとして想定されている。本人が「何でもできます！」というよりは、第三者に証明してもらった方が信憑性が高く、説得力が増すからであろう。

　こうした使い方で大きな意味を持つのがSBTの「譲渡不可能」という特性である。証明書の類いが他人に自由に譲渡されてしまうと、「証明書」として機能しないからである。さらに「発行者によって取り消し可能」という

特性も大きい。たとえば、有効期間が決まっている資格や会員証で有効活用できるだろう。

　この際、SBTを発行する人や組織もソウルとなり、発行したSBTのデータを自分のソウルの中に格納して管理できる。つまり、互いに関係があるソウルは同じSBTを持っていることになるため、仮に一方のSBTが間違って消去されても、もう1つのソウルのSBTがあれば復元できることになる。

　また、ソウルは1人1つしか持てないわけではなく、1人で複数のソウルを持つことができる。これはネットの世界で「仕事用アカウント」「プライベート用アカウント」というように複数のアカウントを使い分けるイメージに近い。傍目から見ると一見関係ないように見えても、どちらもその人本人を表しており、使い分けができた方が利便性が高いといえよう。

　つまりSBTは、ある個人がどのような学歴、職歴、資格を持っているのか、あるいはどのようなコミュニティに属し、どのような活動をしているのか、どのようなイベントに参加したのかといった現実世界におけるアイデン

図表8-1　SBTとソウルのイメージ

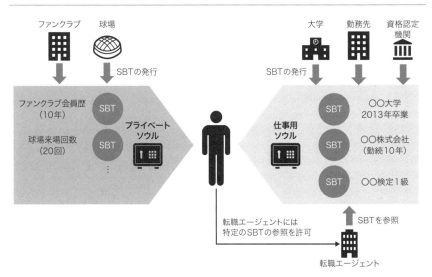

（出所）野村総合研究所

ティティをWebの世界に持ち込むことができる仕組みといえる（図表8-1）。次から具体的なユースケースを説明する。

SBTのユースケース

(1) NFTアート

　NFTは誰でも発行できるため、あるアーティストが著作権を有する絵画や写真などのデジタルコンテンツに紐づけたNFTアートを、そのアーティストに無断で発行できてしまう。

　たとえばOpenSeaでは、著作権の権利者がデジタルコンテンツをNFT化するためのツールを無料で提供していた。しかし、「このツールを利用してNFT化されたコンテンツの80％以上は、盗作、偽コレクション、スパムだった」と2022年1月28日付の公式Twitterで公表している[注1]。

　こうした問題への対策としてSBTが活用できる。NFTを発行する場合、アーティストは自分のソウルからNFTを発行すればよい。買い手はNFTの発行元のソウルを確認し、所有しているSBTの内容からソウルがそのアーティストのものであると判断できるため、NFTの真正性を確認できる。この場合のSBTはコンテストの受賞歴や卒業した学校の卒業証書などが考えられる。

　アーティスト本人の作品であることを証明するほか、その作品がある「コレクション」の一部であることを証明するといった使い方もできる。この場合はアーティスト本人が自分のソウルと紐づけて証明書となるSBTを発行すればよい。

　このように考えると、SBTはNFTアートに限らず、真正性や希少性が問われるあらゆる市場で活用できる。たとえば、精巧に作られたディープフェイク映像などの真贋を判定する際にも利用できるだろう。

（注1）https://twitter.com/opensea/status/1486843204062236676

(2) 無担保レンディング

　前述した通り、現状のDeFiレンディングでは、匿名かつ無審査で暗号資産を借りられるものの、借りる以上の資産価値がある担保を設定する必要がある。従って、従来の金融サービスで提供されているような、借り手の社会的信用や中央集権的なクレジットスコアを利用した無担保ローンのようなサービスは存在しない。

　しかし、既存のクレジットスコアにはいくつかの欠陥も指摘されている。たとえば、スコアの算出プロセスが不透明であったり、信用力を評価するのに必要十分なデータが蓄積されていない少数民族や貧困層などにはバイアスがかかり不利になったりするといった問題だ。

　こうした問題に対して、学歴、職歴、賃貸契約の履歴などをSBTとして自分のソウルの中で管理できれば、永続的な信用履歴として機能する。つまり、SBTをベースとした審査が可能になり、場合によっては無担保ローンも可能になる。ローンは発行元が取り消し可能なSBTとして表現することができるため、無事に完済されれば、そのSBTは取り消される。もちろん、履歴として残るのは良い履歴だけでない。SBTは譲渡不可能であるため、未払いのローンを勝手に譲渡することはできない。もし借り手がローンから逃れようとして新たなソウルを開設したとしても、有効なSBTがなければ審査は通らない。

　将来的にはSBTと返済リスクとの間の相関が分析され、SBTから信用度を予測する優れた融資アルゴリズムが誕生するだろう。そうなれば、中央集権的で不透明なクレジットスコアの重要性が低下していくことになる。

(3) ソウルドロップ

　新しく立ち上がったWeb3プロジェクトでは、認知度を向上させるために初期ユーザーなどに無償でトークンを配布するエアドロップを行うことがある。しかし、多くの場合、ユーザーが保有しているトークン数に比例してトークンを配布するため、トークンを多く保有するユーザーがさらに多くのトークンを保有するようになり権力の集中を招く。これは分散をコンセプトと

するWeb3とは矛盾してしまう。また、エアドロップの情報を聞き付けて、単にトークン目的で一時的にコミュニティに入ってくるユーザーもいる。

　これに対して「ソウルドロップ」では、各ユーザーのソウル内のSBTの内容に基づいてエアドロップの対象や配布するトークンの量を調整できる。たとえば、植林をミッションとする非営利団体であれば、環境活動や園芸に参加したことを証明するSBTや炭素隔離（二酸化炭素の大気中への排出を防ぐこと）トークンを保有しているソウルだけを対象にガバナンストークンをエアドロップするといった使い方が想定される。この時、炭素隔離トークンの保有者にはより多くのガバナンストークンを付与するような重み付けも可能である。コミュニティへの貢献度が高いユーザーを選別しやすくするという意味で画期的である。

（4）DAOのシビル攻撃対策

　DAOの運営方針を決定する投票システムは、1人のユーザーが複数のウォレットを作成することによって51％の投票権を獲得し、全体を支配しようとする「シビル攻撃」に弱いという欠点がある。SBTを使えば、次のような方法によってシビル攻撃を軽減することができる。

・ソウルのSBTを参照し、ユニークなソウルとボットの可能性が高いソウルを見極め、シビル攻撃と思われるソウルの投票を拒否する
・職歴、学歴、資格など信頼できるSBTを持っているソウルに、より多くの投票権を与える
・あるDAOが、別のDAOに所属している信頼できるメンバーに対してボットではないことを証明する特別なSBTを発行する。
・特定の投票を支持している複数のソウルのSBTの相関をチェックし、高い相関が認められた場合はシビル攻撃の可能性が高いと判断し、投票の重み付けを小さくする。仮にシビル攻撃でないとしても、参加者の多様性を重視することにつながる

(5) 所有権

SBTが譲渡不可能であるのに対して、NFTは譲渡可能である。しかし、譲渡可能であるために、アパートの賃貸契約のようなシンプルで一般的な財産契約を表現することができない。たとえば、アパートの賃貸契約は借主に使用権を与えるが、アパートを壊したり売却したり、あるいは使用権を譲渡したりといった権利は付与しない。これらの権利がすべて借主に帰属するのであればNFTで表現できる可能性があるが、現実世界ではそうはなっていないからである。

SBTは、物理的な資産と仮想的な資産の両方について、こうした所有権の微妙なニュアンスを表現する柔軟性を持つ。たとえば、家や車などの個人資産、あるいは博物館や公園などの公共リソースに関するアクセス権を細かく設定できるようになる。家の持ち主が使用権としてSBTを発行し、賃貸契約が終了する際にSBTを取り消せばよい。SBTは譲渡できないため、借主が勝手に使用権を他人に譲渡することはできない。

SBTの課題

ここまでSBTの代表的なユースケースを見てきた。論文ではここで紹介した以外のユースケースも掲載されているため、興味があれば是非、原文を参照していただきたい。

SBTは現状のWeb3の課題を解決できる可能性を秘めていると同時に実装上の課題もある。論文で挙げられているのは、「プライバシー」と「不正行為」の2つである。

プライバシー保護

ブロックチェーンベースのシステムの特徴は、ブロックチェーンに記録された情報がデフォルトですべて公開される点である。これはSBTの実装上、大きな問題になる。自分のこれまでの経歴や実績、資格などが詰まったSBTが誰でも見られる状態になっていると想像すると、その問題の大きさ

がわかるだろう。

　前述したように消費者は複数のソウルを持つことができるため、仕事用のソウル、プライベートなソウル、あるいはより細分化したソウルを持つことである程度のプライバシーは確保することができる。しかし、すでにネット上で行われているように、その気になれば複数のソウルを結び付け、ある人のアイデンティティを明らかにすることもできるようになるだろう。

　そのため、すべてのSBTをブロックチェーン上に置くというのは現実的ではなく、別の手段を検討する必要がある。最も単純なアプローチは、SBTのデータをオフチェーンに保存し、データのハッシュ値だけをオンチェーンに置くことである。オフチェーンに格納されたSBTの元データを第三者に公開しなくても、そこから必要な情報だけを抜き出して、特定の人物にだけ、特定の時間だけ、共有することが可能になる。

　この時、オフチェーンのデータをどのように保存するかの選択は本人に任されており、選択肢としては、「本人が所有するデバイス」「本人が信頼するクラウドサービス」、前述した「分散ファイルシステムIPFS（Inter plane-tary File System）」などが考えられる。データをオフチェーンに保存することで、SBTデータの書き込み権限を持つスマートコントラクトを継続しつつ、同時にそのデータの読み取り権限も別に持つことができる。また、自分が望む時だけ、任意のSBTの内容を明らかにすることもできる。

　さらに部分的に情報を公開するといった、よりきめ細かな情報公開を実現するには、第7章で説明したゼロ知識証明技術を使う方法が提案されている。ゼロ知識証明はすでにプライバシーを保護したまま資産移転を行う手段として使用されている。また、ほかの情報は一切明らかにせずに、特定の情報だけを公開する方法として広く使われているため、オフチェーンに格納されたSBTのデータにも応用できるということだ。

不正なソウル

　SBTが今後重要な社会基盤となる場合、不正行為を行おうとする人も現れるだろう。たとえば、多数のアプリケーションがカンファレンスへの出席

を表すSBTを重視している場合、「誠実ではないカンファレンス」は賄賂を受け取り、その代わりにSBTを発行する可能性がある。賄賂が十分であれば、人間（およびボット）は偽のソーシャルグラフ（複数の人間の相関関係や結び付きを意味する概念）を生成して、あるアカウントを本物の人間のソウルのように見せかけ、偽のSBTによって経歴を「盛る」こともできるだろう。そうした場合、われわれはどうすればソウルのSBTが正確だと信じられるのだろうか。

こうした不正行為に対しても、論文ではさまざまな対策が提案されている。かなり専門的な内容になるので詳細は割愛するが、たとえば、「ピア予測法（peer prediction method）」を使用して、共謀が非常に大きい場合を除いて、すべてのケースで正直に報告するように促すことができるといったものだ。あるいは、ゼロ知識証明技術によって、ソウルによって作成されたいくつかの証明を証明できないようにするといった方法も示されている。

いずれにしろ、どんな技術を使っても不正を行おうとする人は出てくる。それを前提とした上で前もって対策を練っておくことが必要であろう。

実装が始まるSBT

2022年5月に論文が公表されて以来、SBTは大きな注目を集めており、実装に向けた動きも活発になっている。イーサリアムでSBTを実装するための規格については、イーサリアムの改善提案であるEIPで議論されており、EIP-4671（Non-tradable Token）、EIP-4973（Account Bound Token）、EIP-5114（Soulbound Badge）、EIP-5192（Minimal Soulbound NFTs）など複数の規格が提案されている。

一方、すでに大手暗号資産取引所のバイナンスは2022年9月からBinance Account Bound（BAB）というSBTの発行を開始している。BABはバイナンスでKYCを完了したユーザーのみが発行可能であり、完了したユーザーはバイナンスのアプリから発行できる。バイナンスのID1つにつき、BABを1つだけ発行できる。発行する際にはガス代として1BUSD（1ドル）

かかり、ユーザーは発行したBABを自分で取り消すことができる。

　バイナンスでは、BABの用途について次のように説明している。

　「ユーザーはBNBチェーン上でBABトークンをID証明として鋳造し、複数のプロジェクトの構築に参加し、報酬を獲得することができます」

　つまり、BABを持っているとバイナンスで本人確認済みのアカウントを保有しているという証明になり、BNBチェーンで公開されているさまざまなプロジェクトに参加する際に、保有者限定の報酬などを受け取れるということである。BNBチェーン上のほかのプロジェクトから見ると、BABを持っているユーザーは本人確認が完了しており、犯罪的な行為をしないと想定できるため安心できる。そのため、限定NFTやエアドロップに参加できる権利などの報酬を提供することによって、そうしたユーザーを呼び込もうとするのである。バイナンスとしては、まずはBNBチェーン上のエコシステム活性化のために、BABを利用しているのであろう。

　また、国内企業の間でもSBTの発行に向けた検討が始まっている。2022年12月、SMBCグループとHashPortグループはSBTの実用化に向けた実証実験の第1フェーズを2023年3月末にかけて行うことを発表した。

　第1フェーズでは、HashPortグループが技術支援を行い、SMBCグループが試験的にSBTを発行することとなっている。そして、この実験結果を踏まえた第2フェーズとして、行動・経歴証明としてのSBTの活用を想定した実証実験を実施する予定である。第2フェーズでは他企業も巻き込み、ファンコミュニティの形成やマーケティングなど具体的な活用シーンを想定した実験を検討している。

SBTは普及するか

　ここまで現在のWeb3の欠点を補完し、真の分散型社会実現のためのキー技術として、イーサリアム創設者のVitalik Buterin氏らが提案しているSBTについて、彼らが発表している論文をもとに説明してきた。

　本章の冒頭で課題として挙げた中央集権的な企業が発行する「検証済み」

や「認証済み」バッジに全幅の信頼を寄せるのは難しいという点については、該当アカウントが保有しているSBTを確認することによって、そのアカウントの正当性を判断できるだろう。また、DAOにおける投票の問題については、「DAOのシビル攻撃対策」で言及したように、職歴、学歴など信頼できるSBTを持っているソウルに、より多くの投票権を与えることなどによって解決できる可能性がある。これが実現すれば、現在の1トークン1票のガバナンスにおいて、「資本力こそが正義」というディストピア的な世界に近づいている状況を一変させることができるかも知れない。

　一方、SBTは誰でも発行できるため、今後はバイナンスやSMBCグループ／HashPortグループのほかにも、続々と発行する企業や団体が登場することは想像に難くない。そうなると、非常に多くのSBTが発行され、個人のソウルにはSBTが溢れかえることになりかねない。また、論文でも問題提起されているように、話題になり注目されるようになると、不正を行おうとするユーザーも出てくるだろう。あるいはSBTそのものの特性として、中国で広く普及している「信用スコア」のように、個人の日々の行動が監視され、良い評判のSBTも悪い評判のSBTもどんどん蓄積されていき、それによって就職や結婚などが左右されるといったことも起こるかも知れない。

　とはいえ、社会を大きく変える技術であればあるほど、負の側面も併せ持つのが普通である。自動車は環境汚染、クレジットカードは債務超過など、例を挙げれば枚挙にいとまがない。マイナス面を列挙して不安を煽るのは、使わない理由探しでしかない。これまでの技術がそうであったように、本当に便利で人々が必要としているものに対しては、皆で課題を乗り越えようとする大きな力が働くものだ。

　SBTが真に有用なもので、Web3の普及に必要不可欠なものであるなら、必要な技術開発と適切なルール整備が進むだろう。もし、そうならないのであれば、その程度の技術であったということだ。

Web3は普及するか

　本書ではWeb3が生まれた経緯から、Web3の主要なアプリケーションである DeFi や GameFi、新たな組織形態である DAO、そしてこれらのアプリケーションや組織を効率的に稼働させるためのインセンティブとなるトークノミクスなどについて説明してきた。

　ただし、その注目度に反して、世の中の実態としては Web2.0 が依然として優勢であり、Google や Facebook、Apple などのサービスを毎日のように使っている反面、DeFi や GameFi に触れたことがある消費者は一握りではないだろうか。多くの人は従来からの会社組織で働いており、DAO で働いて報酬をトークンで受け取っている人となるとさらに少ないだろう。

　もっとも Web3 はいまだ黎明期であり、すぐに Web2.0 に取って代わると考えるのはあまりに気が早い。そもそも完全に置き換わるものではなく、中央集権ではなく、分散が合理的である領域から少しずつ置き換わっていくと考えるべきである。Web3 のコミュニティに入ってしまうと、とにかく「中央集権は悪、分散が正義」とする風潮が感じられるが、「Web3原理主義者」でない限り、一般消費者は Web3 だから使うということはない。便利で自分にとってメリットがあれば、Web2.0 であろうが Web3 だろうが、どちらでも構わないというのが大多数であろう。

　現状の Web3 サービスのほとんどは、洗練された UI/UX を持つ Web2.0 サービスには利便性の面で劣り、メリットは金銭面、つまり不労所得が得られるという点にほぼ集約される。そのため、GameFi に象徴されるように稼げなくなればユーザーは躊躇なく、ほかのサービスに移っていく。これについては前述した通り、基本に立ち返り、稼げなくても継続してプレイしたくなるようなゲーム単体の魅力を高めることが必要になる。

　そうした点で期待したいのが、第5章で説明した分散型人材ネットワークや DeSci のように現実世界の課題解決に役立つ Web3 サービスである。これらのサービスではトークンや NFT がサービス内の経済を媒介し、非中央集

権型のサービスとして運営される合理性がある。こうしたサービスが広く普及し、その存在意義が広く認知されれば、現状のWeb3に対する「金儲けの道具としてしか使われていない、どこか怪しげなもの」といったマイナスのイメージも払拭されることになるだろう。

　イーサリアムに代表されるブロックチェーンの高速化やSBTのプライバシー保護、サービスのUIなどの技術的な課題は時間が解決してくれるだろう。しかし、そもそもWeb3サービスが本当に必要なのか、何の役に立つのかという本質的な問いに対する明快な解が用意できなければ、Web2.0に取って代わるどころか、ニッチな存在のままで終わってしまうことになりかねない。

おわりに

　2022年11月に明らかになった、世界第2位の暗号資産取引所であった FTXの破産は、暗号資産業界に暗い影を落とした。その影響は日本のFTX JAPANを含む米国やオーストラリアの取引所のほか、兄弟会社のアラメダ・リサーチなど約130の関連会社にとどまらない。暗号資産のレンディングサービスを行うBlockFiとその関連会社8社が、米国破産法第11条（チャプター11）をニュージャージー州地区連邦破産裁判所に申請したほか、FTXと取引がある米国の銀行持ち株会社シルバーゲート・キャピタルでは取り付け騒ぎが発生し、預金が7割も減ったとされる。

　もっとも、FTXの破綻は暗号資産自体の問題ではない。投資家から資金をだまし取り、顧客資産をアラメダ・リサーチに流用したり、同社の資産と区別せずにベンチャー投資や不動産購入、違法な政治献金に充てたりするなど、権限が創業者兼CEOのSam Bankman-Fried氏ら少数の幹部に集中した結果、企業としてのガバナンスが機能不全に陥っていたことが主な原因と見られている。

　FTXの負債総額は関連会社含めて、最大で500億ドル（約7兆円）程度になると見込まれており、海外では顧客への返金が叶うかは不透明な状況である一方で、日本では顧客から預かった資産の返還が進められている。

　この迅速な措置は、2014年のマウントゴックスの破綻や2017年に発生したコインチェックのハッキング事件などを受けて、金融庁が暗号資産取引所に対する規制を強化したことが背景にある。日本国内での事業には「暗号資産交換業」への登録を必須としたことに始まり、取引所の運営資金と顧客資産を分別管理することや、取引所が破産した場合、債権者よりも顧客が優先して返金されること、顧客資産の少なくとも95％をインターネットに接続されていないコールドウォレットに保管するよう義務づけることなどであ

る。

　こうした規制強化は時として「規制先進国」と揶揄されることもあるが、世界第2位の暗号資産取引所であったFTXの放漫経営ぶりが明らかになるにつれ、依然として「何でもアリ」な業界であることを再認識するとともに、他国に先駆けて消費者保護の観点での規制整備がなされていたことは評価されるべきであろう。

　Web3関連事業を行う上で必要な環境整備も大きく動き始めている。これまでの税制下では、発行者が自己保有する暗号資産に加え、発行者以外の投資家等が保有する暗号資産も税務上、期末に時価評価し、評価損益は課税の対象となっており、これが、Web3関連スタートアップが日本で起業する上での足かせとなっていた。この点では「後進国」であったが、これが見直されることが決まったのである。

　自民党が2022年12月に発表した「令和5年度税制改正大綱」では、暗号資産の法人期末課税については、法人が事業年度末において有する暗号資産のうち、時価評価により評価損益を計上するものの範囲から、特定の要件に該当する暗号資産を除外することが盛り込まれた（詳細は割愛）。

　また、金融庁は2023年にも海外発行の「ステーブルコイン」について国内流通を解禁する予定であると日本経済新聞が2022年12月26日に報じた。資産保全やマネーロンダリング対策などの課題はあるものの、USDTやUSDCなどのステーブルコインが国内で取引できるようになれば、国際送金などがより便利になるほか、Web3サービスの決済手段にも使用できるようになり、ビジネスの幅が広がる。

　税制や規制などWeb3事業に必要な環境が整備されることを見越してか、2022年11月にはNTTドコモが今後5～6年かけて、Web3事業に5000億円～6000億円を投資することを発表している。単純計算で年間約1000億円もの巨額を投資する計画であり、Web3ビジネスを行う上で必要となる「ブロックチェーン・ウォレット」「暗号資産交換」「トークン発行」などの共通機能群を「Web3のイネーブラー」として提供する予定である。これはある意味、Web3のプラットフォーマーを目指すとも受け取れる動きであ

り、非中央集権を教義とするWeb3コミュニティで受け入れられるか興味深いところである。

　ただし、NTTドコモのような大手企業の参入は一般消費者に安心感をもたらすのも事実であり、Web3市場の拡大・発展にはプラスに働くだろう。Web3は今後も分散・非中央集権を基本路線としながらも、部分的には中央集権的な要素も残ると予想する。分散・非中央集権に固執するあまり、市場自体が停滞してしまっては熱心なWeb3原理主義者にとってもハッピーなシナリオではないからである。

　2023年3月

城田真琴

Web3関連用語集

【A 〜 Z】

Axie Infinity

ベトナムのSkyMavis社が開発し、2018年に初めてリリースされたブロックチェーンゲーム。Axie（アクシー）というペットを育成して戦わせる対戦型のゲームで、対戦で勝利すれば、暗号資産「SLP」を獲得できる。

CEX（Centralized Exchange＝中央集権型取引所）

法人をはじめとする中央組織が管理・運営する暗号資産の取引所。ビジネスモデルは証券取引所のような伝統的取引所と同様である。国内ではCoincheck（コインチェック）、bitFlyer（ビットフライヤー）などが代表的なCEXである。

Curve Finance

ステーブルコインの取引に特化したDEX。

Dai

米ドルとペッグ（連動）するステーブルコインで、目標価格を「1DAI ＝ 1米ドル」に設定している。「MakerDAO」で発行されている。

DAO（Decentralized Autonomous Organization＝分散型自律組織）

ビジネスや慈善事業の運営など、共通の目標を達成するために集まった人々で構成されるオンラインコミュニティで、特定の所有者（株主）や管理者（経営者）が存在しなくても、事業やプロジェクトを推進できる組織を指す。

DApps（Decentralized Applications＝分散型アプリケーション）

ブロックチェーンを基盤として構築されるアプリケーション。従来のアプリケーションは管理者が存在し、中央集権型でデータの管理が行われているため、ユーザーのデータなどはアプリを運営する企業が収集している。DAppsではネットワークに参加しているユーザーのデバイス（ノード）全体でデータを管理しており、ユーザーがデータを所有していることを意味する。

DeFi（Decentralized Finance＝分散型金融）

銀行などの中央集権的な組織を介さずに、ブロックチェーン上で動作するスマートコントラクトによって実現されるさまざまな金融サービスを指す。

DEX（Decentralized Exchange＝分散型取引所）

管理母体がなく、スマートコントラクトと呼ばれるソフトウェアで運用されている暗号資産取引所のこと。DEXを使えば、ユーザーは中央集権的な機関を介さずに、ある暗号資産を別の暗号資産と交換できる。代表的なDEXとして、Uniswap（ユニスワップ）やSushiSwap（スシスワップ）、Curve Finance（カーブファイナンス）などがある。DEXの対義語はCEX（中央集権型取引所）である。

Discord

Web3コミュニティでデファクトスタンダードとなっているコミュニケーションツール。1対1や複数人でテキストメッセージや音声通話でやりとりができる。通話の遅延が少ないため、もともとはオンラインゲームのプレイヤーが使用するサービスとして人気を集めていた。

ENS（Ethereum Name Service）

複雑なイーサリアムのアドレスに任意の名前をつけられるサービス。

ERC-20

ERCは、Ethereum Request for Commentsの略称であり、イーサリアムブロックチェーンの技術提案を指す。ERC-20はイーサリアムブロックチェーンと互換性を持った暗号資産をつくることができる共通規格。トークンの総供給量を決める機能や特定のアドレスが保有するトークンの数を表示する機能、所有権を別のユーザーに移す機能などが実装される。

ERC-721

NFT（非代替性トークン）を発行するためのイーサリアム標準規格。

ETH

イーサリアムブロックチェーンのネイティブ通貨（暗号資産）であるイーサのティッカーシンボル。イーサは全暗号資産の中で最大規模の時価総額と取引量を誇る、人気の暗号資産の一つ。

EVM（Ethereum Virtual Machine＝イーサリアム仮想マシン）

開発者が分散型アプリケーション（DApps）を作成したり、イーサリアムシステム上でスマートコントラクトを実行・展開するために使用するソフトウェアプラットフォーム。EVMが実行できるのは専用のバイトコードのみであるため、Solidityなどで記述されたソースコードをコンパイルしてバイトコードを生成する必要がある。

FDV（Fully Diluted Market Cap＝完全希薄化後時価総額）

暗号資産でよく用いられる時価総額の一つで、「現在のトークン価格」×「最大供給量」で表さ

れる。これに対して、「時価総額（Market Cap）」は「現在のトークン価格」×「循環供給量」で表される。

GameFi
GameとFinanceを組み合わせた造語で、ゲームをプレイすることで暗号資産を稼げるブロックチェーンゲームのこと。

ICO（Initial Coin Offering）
暗号資産の新規発行による資金調達方法の一つ。従来の資金調達方法と異なり、プロジェクトの健全性を保証したり、評価したりする機関がないため、投資家自ら判断を下す必要がある。

IDO（Initial DEX Offering）
暗号資産の新規発行による資金調達方法の一つ。DEX（分散型取引所）で暗号資産を発行して資金調達を行う。

IEO（Initial Exchange Offering）
暗号資産の新規発行による資金調達方法の一つ。ICOとの違いは、企業が発行したトークンを取引所（CEX（中央集権型取引所））に委託して販売する点。ICOはプロジェクトの信頼性や評価を投資家が自ら判断しなければならないが、IEOは委託先の取引所がプロジェクトの審査を行うため、比較的信頼性が高いといえる。

IPFS（InterPlanetary File System）
Protocol Labs社により開発された、分散型のファイルストレージシステム。

IP-NFT
研究プロジェクトにおける技術特許をNFT（非代替性トークン）化すること。

MetaMask
暗号資産を保管できるウォレット。イーサリアムやイーサリアム系ブロックチェーンの暗号資産やNFTを一括で保管・管理可能で、ブラウザ拡張機能版とモバイルアプリ版がある。

NFT（Non-Fungible Token＝非代替性トークン）
ブロックチェーンを基盤にして作成された代替不可能なデジタルデータで、その対象はアートやトレーディングカード、音楽、ゲームアイテム、仮想空間の土地など多岐に渡る。作成者や所有者などの情報はブロックチェーンに記録されるため、改ざん不可能であるが、画像やテキストなどのデジタルコンテンツ自体はブロックチェーンではなく、クラウドサーバや

IPFS（InterPlanetary File System）などの分散ストレージに保存される。
OpenSeaに代表されるNFTマーケットプレイスで取引され、「二次販売の際に、売り上げの一部をクリエイターに納める」というように、さまざまな情報や機能を追加可能な「プログラマビリティ」の特性を持つ。

OpenSea
世界最大の取引量を誇るNFTマーケットプレイス。アートやファッション、ゲーム、トレーディングカード、音楽、メタバース内の不動産など、幅広いジャンルのNFTを取り扱っており、審査がないため、誰でもNFTを作成したり、出品したりできる。

PoS（プルーフ・オブ・ステーク）
プルーフ・オブ・ワーク（PoW）同様に、ブロックチェーンネットワークのコンセンサスアルゴリズムの一つ。コインの保有枚数に応じて次のブロックを検証する人を決める。大規模な計算のために、大量のエネルギーを消費するPoWよりも環境にやさしいと考えられている。

PoW（プルーフ・オブ・ワーク）
ブロックチェーンネットワーク上でコンセンサスを達成し、トランザクションの認証やチェーンへの新しいブロックの生成を行うためのコンセンサスアルゴリズムの一つ。中央に管理機関を持っていない暗号資産で、売買や送金を間違いなく成立させるためには、容易に改ざんできないような仕組みが必要となる。PoWは、必要な「計算」を成功させた人が、そのデータを「承認」して正しくブロックチェーンにつなぎこむ役割を担う。計算およびデータ承認の作業のことをマイニング、作業を行う人や組織をマイナーと呼ぶ。

SAFT（Simple Agreement for Future Token）
暗号資産の新規発行による資金調達方法の一つで、将来発行されるトークンを割安で購入できる権利と引き換えに資金を調達する。

SBT（Soulbound Token）
2022年5月にイーサリアム創設者のVitalik Buterin氏らによって提唱された譲渡不可能なトークンのこと。個人の保有する資格やスキル、経歴、所属するコミュニティなどの属性を証明できる。

Solidity
ブロックチェーン上で実行されるスマートコントラクトを記述するための代表的なプログラミング言語。

STEPN

NFTスニーカーを保有し、毎日外で歩いたり走ったりすることでトークンを獲得できるブロックチェーンを基盤としたNFTゲーム。

SubDAO

メインのDAO（分散型自律組織）に対するサブ、つまり補助的な機能を持つDAOで、メインのDAOと連携しながらも、完全な自律性を持って運営される。

Telegram

2013年にロシア人によって発明されたメッセンジャーアプリ。強固なセキュリティが特徴であり、メッセージが暗号化される「シークレットチャット」を使用すれば、運営側にさえやりとりを見られることはない。

TVL（Total Value Locked＝預かり資産総額）

あるDeFiプロトコルに預けられている暗号資産の総額を指し、DeFiへの関心度や健康度を測る上で重要な指標となっている。

USDC（USD Coin）

米ドルとペッグ（連動）するステーブルコインの一つ。発行元はCircle社と暗号資産取引所のCoinbase。

USDT（Tether）

米ドルとペッグ（連動）するステーブルコインの一つ。発行元はTether社。

Vyper

スマートコントラクトを記述するためのPythonベースの言語。

ZKロールアップ

イーサリアムブロックチェーンのスケーラビリティの向上を目的とするオフチェーンスケーリングソリューションの一つ。オフチェーンで実行したトランザクション結果をメインチェーンに書き込む際に、そのデータが正しいことを「ゼロ知識証明（zero knowledge proof）」という技術を使って証明するロールアップ技術。

【あ】

ヴァンパイア攻撃

あるオープンソース・プロジェクトをコピーし、そのオリジナルのプロジェクトよりも高い金利や優れたインセンティブを提供することにより、コピー元のユーザー、流動性およびト

レード量を奪い取ろうとする試み。SushiSwapがUniswapに仕掛けた攻撃が有名。

エアドロップ

特定の条件を満たしたロイヤリティの高いユーザーを対象にトークンを無償で配布するトークンの分配スキームの一つ。「遡及的エアドロップ」はプロジェクトの初期フェーズのユーザーを対象にしたエアドロップを意味する。

オプティミスティック（楽観的）ロールアップ

イーサリアムブロックチェーンのスケーラビリティの向上を目的とするオフチェーンスケーリングソリューションの一つ。トランザクションがデフォルトで有効であると想定し、書き込まれるデータの有効性の検証に必要な計算を行わないロールアップ技術。

オラクル

株価や気象情報などの実世界のデータをAPI経由でブロックチェーン上のスマートコントラクトに提供するシステムやサービス。

【か】

ガス代

イーサリアム上でトランザクションを実行する際に必要となる手数料のこと。ガス代にはトランザクションに必要な計算処理を実行したマイナー（実行者）に支払われる手数料のほか、スマートコントラクトを実行する際の手数料も含まれる。

ガバナンストークン

DAO（分散型自律組織）の運営における意思決定において、保有者に投票の権利を与えるトークンのこと。従来の組織における株式に近い。

高水準言語

高水準言語とは、プログラミング言語の分類の一つで、人間が理解しやすいように作られた言語のこと。反対に、低水準言語は、機械語や機械語に近い言語（アセンブリ言語）のことを指す。高水準言語は人間が理解しやすい言語でコードを記述できるため、プログラマーは高水準言語を用いてシステムを構築することが多い。

コンポーザビリティ（構成可能性）

DeFiに代表されるWeb3アプリケーションはオープンソースであるため、プログラムは公開されており、誰でも閲覧できる。そのため、これらのアプリケーションは、新しいアプリケーションを構築する際に、部品（構成要素）として利用することができる。こうしたWeb3アプリケーションの特性はコンポーザビリティと呼ばれる。

【さ】

サイドチェーン

イーサリアムブロックチェーンのスケーラビリティの向上を目的とするスケーリングソリューションの一つ。サイドチェーンは、親となるメインのブロックチェーンとは異なるブロックチェーンを使ってトランザクションを処理する技術で、メインチェーンとサイドチェーン間はペグという方法でネットワーク上の資産を結び付けている。

シードフレーズ

暗号資産ウォレットを設定すると自動的に生成される12～24個の単語からなる文字列のこと。シードフレーズを使用することで、暗号資産の送金に必要な秘密鍵を一元管理しているウォレットへのアクセスが可能になる。シードフレーズが他者に知られてしまうとウォレットに保管されている秘密鍵を見ることができるようになるため、暗号資産を奪われることになる。シードフレーズは「リカバリーフレーズ」と呼ばれることもある。

シャーディング

負荷分散のためにデータベースを水平方向に分割すること。

ステーキング

特定の暗号資産を保有することでその暗号資産のブロックチェーンのネットワークに参加し、対価として報酬を得る仕組み。銀行口座に法定通貨を貯金し、一定期間後に利子を受け取る仕組みに近い。ステーキングはコンセンサスアルゴリズムとしてPoS（プルーフ・オブ・ステーク）を採用している暗号資産で行うことができる。

ステーブルコイン

価格の安定を目指し、米ドルなどの法定通貨に価格を「ペッグ（連動）」することなどによって、ボラティリティ（価格の変動性）を排除した暗号資産。

スマートコントラクト

ブロックチェーン上に契約内容と実行条件をあらかじめプログラムしておくことにより、その条件が満たされた場合、決められた処理（契約内容）を自動で実行する仕組み。

セキュリティトークン

ブロックチェーン等の技術を活用して電子的に発行される法令上の有価証券のこと。

ゼロ知識証明（zero knowledge proof）

ある人が特定の事柄を証明したいときに、機密情報を明かさずに証明する方法。暗号学理論

に基づいており、次世代のプライバシー強化技術として注目されている。

ソーシャルグラフ
複数の人間の相関関係や人間同士の結び付きを意味する概念。

【た】

トークン
ブロックチェーン技術を用いて発行される電子的な証票。暗号資産やNFTはトークンの一種である。

トレジャリー
DAO（分散型自律組織）が保有するトークンなどの資産をプールしておく金庫のような場所。

【は】

バイトコード
仮想マシン上で動作するために作られた実行可能な中間コードのこと。

ハッシュ値
元データから、「ハッシュ関数」と呼ばれるあらかじめ定められた計算手順により求められた値。

バーン
バーン（Burn＝焼却する）ことは、暗号資産を流通から永久に取り除くことを意味する。目的は多くの場合、デフレを引き起こし、価格を上げることにある。流通量が減って希少性が高まるため、一般的にその暗号資産の価格は上昇する。

バリディウム
イーサリアムブロックチェーンのオフチェーンスケーリングソリューションの一つで、ゼロ知識証明を使ってトランザクションの正当性を検証する。すべてのトランザクションデータをオフチェーンに保存し、メインチェーンには一切保存しない。

ファイナリティ
英語で「finality」といい、「最終的なこと」「決定的なこと」を意味する。特に、決済では決済が滞りなく行われて期待どおりの金額が手に入ることを指す。ブロックチェーンは、時間の経過とともにその時点の合意が覆る確率がゼロへ収束するプロトコルであるが、設計上、100%のファイナリティが得られない点が課題とされている。

ブロック・エクスプローラー
ブロックチェーン上で行われたトランザクションを検索したり、確認したり、検証したりできる検索エンジン。

ベスティング
あらかじめ決められたスケジュールに基づいてトークンなどの特定の資産の所有権を徐々に付与していくプロセスのこと。通常、トークン保有者の利益をプロジェクトの長期的な成功と一致させ、トークンを付与した後、すぐに売られるのを防ぐために実施される。

【や】

ユーティリティトークン
特定のコミュニティやサービスなどを利用する際の権利や機能を有する実用性のあるトークン。

【ら】

流動性
金融資産から現金への換金のしやすさ。暗号資産の場合、暗号資産の現金化や他の暗号資産への交換の容易さ。「流動性を提供する」とは、レンディングやDEX（分散型取引所）といったDeFi（分散型金融）サービスに暗号資産を預けて取引を活性化させること。流動性は主に市場に参加する買い手と売り手の数で決まり、流動性が低いと価格変動が激しくなり、流動性が高いと市場は安定し、価格の変動も小さくなる。高い流動性を維持している取引市場の方が、適正価格で取引できる。

流動性マイニング
DEX（分散型取引所）において、流動性を提供することによって暗号資産などの報酬を受け取る行為・手法のこと。

ロックアップ
一定期間、トークンを売却したり譲渡できなくしたりすること。

ロールアップ
メインチェーンの外部のオフチェーンでトランザクションを実行し、実行した結果データのみをメインチェーンに記録することで処理速度を向上する仕組み。「オプティミスティック（楽観的）ロールアップ」と「ZKロールアップ」の2つがある。

参考文献

はじめに

Elon Musk, "Has anyone seen web3? I can't find it", *Elon Musk氏の Twitter*, December 21, 2021. (https://twitter.com/elonmusk/status/1473165434518224896)

Tim O'Reilly, "Why it's too early to get excited about Web3", *O'Reilly*, December 13, 2021. (https://www.oreilly.com/radar/why-its-too-early-to-get-excited-about-web3/)

第1章

Aragon, "What is Composability?", *Aragon Blog*, December 9, 2021. (https://blog.aragon.org/what-is-composability/)

Jack Dorsey, "You don't own "web3." The VCs and their LPs do. It will never escape their incentives. It's ultimately a centralized entity with a different label. Know what you're getting into...", *Twitter*, December 21, 2021. (https://twitter.com/jack/status/1473139010197508098)

Angie Jones, "What is Web5?", *tbd*, July 1, 2022. (https://developer.tbd.website/blog/what-is-web5)

Arjun Kharpal, "What is 'Web3'? Here's the vision for the future of the internet from the man who coined the phrase", *CNBC*, April 19, 2022. (https://www.cnbc.com/20 22/04/20/what-is-web3-gavin-wood-who-invented-the-word-gives-his-vision.html)

Joel Monegro, "The Shared Data Layer of the Blockchain Application Stack", *Joel Monegro's Blog*, December 9, 2014. (https://joel.mn/the-shared-data-layer-of-the-blockchain-applic ation-stack/)

Joel Monegro, "Fat Protocols", *Union Square Ventures*, August 8, 2016. (https://www.usv.com/writing/2016/08/fat-protocols/)

Monolith, "Understanding DeFi: composability explained", *Medium*, December 9, 2021. (https://medium.com/monolith/understanding-defi-composability-explained-70f93d9c0f01)

Tim O'Reilly, "What Is Web 2.0 Design Patterns and Business Models for the Next Generation of Software", *O'Reilly*, September 30, 2005. (https://www.oreilly.com/pub/a/web2/archive/what-is-web-20.html)

Gavin Wood, "ĐApps: What Web 3.0 Looks Like", *Gavin Wood's Blog*, April 17, 2014. (https://gavwood.com/dappsweb3.html)

Gavin Wood, "Why We Need 'Web 3.0", *Medium*, September 13, 2018. (https://gavofyork.medium.com/why-we-need-web-3-0-5da4f2bf95ab)

Linda Xie, "Composability is Innovation", *Future*, June 15, 2021. (https://future.com/how-composability-unlocks-crypto-and-everything-else/)

第2章

Megan Au, "2022 Will Be The Year Of The DAO, But Practical Challenges Remain", *Consensys*, January 25, 2022. (https://consensys.net/blog/blockchain-explained/2022-will-be-the-year-of-the-dao-but-practical-challenges-remain/)

Vitalik Buterin, "DAOs, DACs, DAs and More: An Incomplete Terminology Guide", *Ethereum Foundation Blog*, May 6, 2014. (https://blog.ethereum.org/2014/05/06/daos-dacs-das-and-more-an-incomplete-terminology-guide)

Chainalysis, *The Chainalysis State of Web3 Report*, June, 2022. (https://go.chai nalysis.com/2022-web3-report.html)

Coopahtroopa, "DAO Landscape", *Mirror*, June 25, 2021. (https://coopahtroopa.mirror.xyz/_EDyn4cs9tDoOxNGZLfKL7JjLo5rGkkEfRa_a-6VEWw)

Zachary Crockett, "Why Delaware is the sexiest place in America to incorporate a company", *The Hustle*, April 10, 2021. (https://thehustle.co/why-delaware-is-the-sexiest-place-in-america-to-incorporate-a-company/)

Andre Cronje, "Decentralized payroll management for DAOs", *Medium*, March 31, 2021. (https://medium.com/iearn/decentralized-payroll-management-for-daos-b22521 60c543)

Cryptopedia Staff, "What Was The DAO?", *Cryptopedia*, March 17, 2022. (https://www.gemini.com/cryptopedia/the-dao-hack-makerdao)

Bud Hennekes, "The 8 Most Important Types of DAOs You Need to Know", *Alchemy Blog*, April 6, 2022. (https://www.alchemy.com/blog/types-of-daos)

Will Kendall, "5 Social DAOs That Could Transform Web3 Landscape (And Our Lives)", *CoinMarketCap*, June, 2022. (https://coinmarketcap.com/alexandria/article/5-social-daos-that-could-transform-web3-landscape-and-our-lives)

Nichanan Kesonpat, "Organization Legos: The State of DAO Tooling", *Medium*, September 16, 2021. (https://medium.com/1kxnetwork/organization-legos-the-state-of-dao-tooling-866b6879e93e)

殿村桂司・遠本麻佑子・長井健「ワイオミング州DAO法の概要」『NO&T Technology Law Update テクノロジー法ニュースレター』No.19, 2022年5月13日. (https://www.noandt.com/publications/publication20220513-1/)

Nelson Wang, "BadgerDAO Reveals Details of How It Was Hacked for $120M", *Coin-Desk*, December 11, 2021. (https://www.coindesk.com/business/2021/12/10/badgerdao-reveals-details-of-how-it-was-hacked-for-120m/)

"Types of DAOs and how to create a decentralized autonomous organization", *Cointele-*

graph, (https://cointelegraph.com/daos-for-beginners/types-of-daos)

Cyrus Rothwell-Ferraris, "Wyoming Governor Mark Gordon Owns Crypto", *CoinDesk*, May 24, 2021. (https://www.coindesk.com/policy/2021/05/24/wyoming-governor-mark-gordon-owns-crypto/)

第3章

Hayden Adams, Noah Zinsmeister, *et al.*, "Uniswap v3 Core", *Uniswap Whitepaper*, March, 2021. (https://uniswap.org/whitepaper-v3.pdf/)

Ian Allison, CoinDesk "JPMorgan on its crypto plans: 'The overall goal is to bring these trillions of dollars of assets into DeFi'", *Fortune*, June 13, 2022. (https://fortune.com/2022/ 06/12/jpmorgan-on-its-crypto-plans-the-overall-goal-is-to-bring-these-trillions-of-dollars-of-assets-into-defi/)

Francesca Carapella, Edward Dumas, *et al.*, "Decentralized Finance (DeFi): Transformative Potential & Associated Risks", *FRB Finance and Economics Discussion Series*, June 16, 2022. (https://www.federalreserve.gov/econres/feds/files/2022057 pap.pdf)

Chainalysis, *The Chainalysis 2022 Crypto Crime Report*, Spring, 2022. (https://go.chain alysis.com/crypto-crime-report-2022-jp.html)

Connor Dempsey, Justin Mart, Mike Cohen, "Vampire attack! LooksRare vs. OpenSea", *Coinbase Blog*, February 10, 2022. (https://www.coinbase.com/blog/vampire-attack-looksrare-vs-opensea)

jakub, "A Short Story of Uniswap and UNI Token. DeFi Explained", *Finematics*, September 21, 2020. (https://finematics.com/uniswap-uni-token-explained/)

Parikshit Mishra, Oliver Knight, Felix Im, "South Korean Court Issues Arrest Warrant for Terra Co-Founder Do Kwon", *CoinDesk*, September 14, 2022. (https://www.coindesk.com/business/2022/09/14/s-korean-court-issues-arrest-warrant-against-terra-co-founder-do-kwon-report/)

Monetary Authority of Singapore, "First Industry Pilot for Digital Asset and Decentralised Finance Goes Live", *MAS Media Releases*, November 2, 2022. (https://www.mas.gov.sg/news/media-releases/2022/first-industry-pilot-for-digital-asset-and-decentralised-finance-goes-live)

Ron Shevlin, "Jamie Dimon's Annual Letter To JPMorgan Chase Shareholders Talks Technology", *Forbes*, April 4, 2022. (https://www.forbes.com/sites/ronshevlin/2022/04/04/jamie-dimons-annual-letter-to-jpmorgan-chase-shareholders-talks-techn ology/?sh=79562cd16920)

Kohshi Shiba, "InsureDAO protocol", *InsureDAO Whitepaper*, January, 2022. (https://drive.google.com/file/d/12KujJrtw6SWAVrVjhhGWxN6Y5uwAU_cr/view)

"SEC Charges Decentralized Finance Lender and Top Executives for Raising $30 Million Through Fraudulent Offerings", *SEC Press Release*, August. 6, 2021. (https://www.sec.gov/news/press-release/2021-145)

Cyrus Younessi, "Uniswap — A Unique Exchange", *Medium*, December 5, 2018. (https://medium.com/scalar-capital/uniswap-a-unique-exchange-f4ef44f807bf)

yuga.eth, "The True Sources of DeFi Yield", *Incentivized*, January 28, 2022. (https://incentivized.substack.com/p/where-do-defi-yields-come-from)

"What is MakerDao?", *Edge*, May 2, 2019. (https://edge.app/blog/crypto-basics/what-is-makerdao/)

"De-Fi: Compound Finance", *Edge*, October 22, 2019. (https://edge.app/blog/crypto-basics/de-fi-compound-finance/)

"What Is a Stablecoin?", *Binance Academy*, March 6, 2020. (https://academy.binance.com/en/articles/what-are-stablecoins)

"What Is Compound Finance in DeFi?", *Binance Academy*, September 7, 2020. (https://academy.binance.com/en/articles/what-is-compound-finance-in-defi)

"What Is an Automated Market Maker (AMM)?", *Binance Academy*, October 8, 2020. (https://academy.binance.com/en/articles/what-is-an-automated-market-maker-amm)

第４章

Henrique Centieiro, "GameFi 101 and Why I think GameFi is the Future of Gaming", *Medium*, February 15, 2022. (https://medium.com/geekculture/gamefi-101-and-why-i-think-gamefi-is-the-future-of-gaming-cb63a3d5ce62)

DappRadar×BGA, "Blockchain Games Report — Q2 2022", *DappRadar*, July 12, 2022. (https://dappradar.com/blog/dappradar-x-bga-games-report-q2-2022)

STEPN Official, "Are all play-to-earn games Ponzi?", *Medium,* April 6, 2022. (https://stepnofficial.medium.com/are-all-play-to-earn-games-ponzi-a2ddcc31db29)

STEPN Official, "SMAC: STEPN Model for Anti Cheating", *Medium*, June 3, 2022. (https://stepnofficial.medium.com/smac-stepn-model-for-anti-cheating-a36bc1d6ecb0)

JP Buntinx, "Move-to-earn Darling STEPN Has Under 350 New Users Per Day As GMT Momentum Sours Further", *Crypto Mode*, October 11, 2022. (https://cryptomode.com/move-to-earn-darling-stepn-has-under-350-new-users-per-day-as-gmt-momentum-sours-further/)

第５章

Matt Binder, "Web3 darling Helium has bragged about Lime being a client for years.

Lime says it isn't true", *Mashable*, July 29, 2022. (https://mashable.com/article/helium-lime-web3-crypto)

The Braintrust Technology Foundation, "Braintrust: The Decentralized Talent Network", *Braintrust Whitepaper*, September, 2021. (https://www.usebraintrust.com/hubfs/%5BWhitepaper%5D%20Braintrust_The_Decentralized_Talent_Network_9_2_21.pdf?hsLang=en)

Andy Chatham, "How A Car Connects To DIMO", *Medium*, December 15, 2021. (https://medium.com/dimo-network/vehicle-connectivity-5dbc6838b050)

Mitchell Clark, "Helium says its crypto mesh network is used by Lime and Salesforce — it isn't", *The Verge*, July 30, 2022. (https://www.theverge.com/2022/7/29/23284330/helium-crypto-mesh-network-lime-salesforce-denials)

Tyler Golato, "The Emergence of Biotech DAOs", *Medium*, January 28, 2022. (https://medium.com/molecule-blog/the-emergence-of-biotech-daos-407e31748cd4)

Tyler Golato, Paul Kohlhaas, *VitaDAO Whitepaper V1.0*. (https://raw.githubusercontent.com/VitaDAO/whitepaper/master/VitaDAO_Whitepaper.pdf)

Amir Haleem, "Helium Network (HNT): Decentralizing Wireless Networks", *Cryptopedia*, October 26, 2021. (https://www.gemini.com/cryptopedia/helium-network-token-map-helium-hotspot-hnt-coin)

Sarah Hamburg, "A Guide to DeSci, the Latest Web3 Movement", *Future*, February 9, 2022. (https://future.com/what-is-decentralized-science-aka-desci/)

Chad Kahn, "DIMO Mobile App: End of Year Releases", *DIMO News Release*, November 28, 2022. (https://dimo.zone/news/dimo-mobile-app-end-of-year-releases)

Xinyi Luo, "DIMO Helps Drivers Gain and Monetize Their Car Data", *CoinDesk*, October 11, 2022. (https://www.coindesk.com/layer2/2022/10/10/dimo-helps-drivers-gain-and-monetize-their-car-data/)

Packy McCormick, "Web3 Use Cases: The Future", *Not Boring by Packy McCormick*, June 27, 2022. (https://www.notboring.co/p/web3-use-cases-the-future)

Kevin Roose, "Maybe There's a Use for Crypto After All", *The New York Times*, February 6, 2022. (https://www.nytimes.com/2022/02/06/technology/helium-cryptocurrency-uses.html)

VitaDAO, "How VitaDAO Works", *Medium*, June 5, 2021. (https://vitadao.medium.com/how-vitadao-works-61bbf861fe96)

VitaDAO「VitaDAOへようこそ」*Medium*, 2022年6月6日. (https://vitadao.medium.com/vitadao-youkoso-1a1b14ae3bbc)

Mike Zajko, "Token Incentivized Physical Infrastructure Networks", *Medium*, July 26, 2022. (https://medium.com/@mikezajko_16091/token-incentivized-physical-infrastructure-networks-3548b3182d82)

第6章

Alex Beckett, "An introduction to token economics", *Medium*, January 25, 2021. (http s://alexbeckett.medium.com/an-introduction-to-token-economics-tokenomics-c6eb9211778f)

CNBCTV18.com, "Understanding crypto vesting and how it works", *CNBC TV18*, August 15, 2022. (https://www.cnbctv18.com/cryptocurrency/crypto-vesting-how-it-works-cryptocurrencies-blockchain-explained-14480102.htm)

Rendy Dalimunthe, "Time-Weighted Voting Power: Mechanism to Fix the Flaw in DAO Governance", *Medium*, July 29, 2022. (https://medium.datadriveninvestor.com/time-weighted-voting-power-mechanism-to-fix-the-flaw-in-dao-governance-2ab589a93fb2)

Chris Dixon, "Crypto Tokens: A Breakthrough in Open Network Design", *Medium*, January 1, 2017. (https://medium.com/@cdixon/crypto-tokens-a-breakthrough-in-open-network-design-e600975be2ef)

Nat Eliason, "Tokenomics 101: The Basics of Evaluating Cryptocurrencies", *Every*, December 17, 2021. (https://every.to/almanack/tokenomics-101)

Nat Eliason, "Tokenomics 102: Digging Deeper on Supply", *Every*, March 6, 2022. (https://every.to/almanack/tokenomics-102-digging-deeper-on-supply)

Robin Ji, "Token Vesting and Allocations Industry Benchmarks", *Liquifi*, June 8, 2022. (https://www.liquifi.finance/post/token-vesting-and-allocation-benchmarks)

Joel Monegro, "Stop Burning Tokens — Buyback And Make Instead", *Placeholder*, September 17, 2020. (https://www.placeholder.vc/blog/2020/9/17/stop-burning-tokens-buyback-and-make-instead)

Florian Strauf, "Tokenomics 101: Bitcoin & Ethereum", *Tokenomics Newsletter*, November 4, 2021. (https://tokenomicsdao.substack.com/p/tokenomics-101-bitcoin-and-ethereum)

Florian Strauf, Young Wang, "The demand side of tokenomics", *Tokenomics Newsletter*, April 20, 2022. (https://tokenomicsdao.substack.com/p/the-demand-side-of-tokenomics?s=r)

Chung Yee, "What is Crypto Vesting", *BSC News*, June 10, 2022. (https://www.bsc.news/post/what-is-crypto-vesting)

"What Is Tokenomics and Why Does It Matter?", *Binance Academy*, August 5, 2022. (https://academy.binance.com/en/articles/what-is-tokenomics-and-why-does-it-matter)

第7章

Yashovardhan Agrawal, "Web3 Architecture and Tech Stack: A Beginners Guide", *Medium*, May 30, 2022. (https://medium.com/toruslabs/a-beginners-guide-the-basic-web3-architecture-and-tech-stack-81f2061d263c)

Hamda Al Breiki, Muhammad Habib Ur Rehman, *et al.*, "Trustworthy Blockchain Oracles: Review, Comparison, and Open Research Challenges", *ResearchGate*, January, 2020. (https://www.researchgate.net/profile/Muhammad-Habib-Ur-Rehman/publication/341174793_Trustworthy_Blockchain_Oracles_Review_Comparison_and_Open_Research_Challenges)

Vitalik Buterin, "Why sharding is great: demystifying the technical properties", *Vitalik Buterin's website*, April 7, 2021. (https://vitalik.ca/general/2021/04/07/sharding.html)

Vishal Chawla, "ZK-Rollups likely to be main Layer 2 solution for Ethereum, says Vitalik Buterin", *The Block*, August 8, 2022. (https://www.theblock.co/post/162098/zk-rollups-likely-to-be-main-layer-2-solution-for-ethereum-says-vitalik-buterin)

Richard Chen, "A Brief Overview of dApp Development", *Medium*, March 6, 2018. (https://thecontrol.co/a-brief-overview-of-dapp-development-b8ac1648322c)

Patrick Collins, "Top 10 Smart Contract Developer Tools You Need for 2022", *Medium*, January 12, 2022. (https://betterprogramming.pub/top-10-smart-contract-developer-tools-you-need-for-2022-b763f5df689a)

Connor Dempsey, Angie Wang, Justin Mart, "A simple guide to the Web3 stack", *Coinbase*, January 13, 2022. (https://www.coinbase.com/blog/a-simple-guide-to-the-web3-stack)

Dfinity, "Understanding the Internet Computer's Network Nervous System, Neurons, and ICP Utility Tokens", *Medium*, May 7, 2021. (https://medium.com/dfinity/understanding-the-internet-computers-network-nervous-system-neurons-and-icp-utility-tokens-730dab65cae8)

William Doom, "OPTIMISTIC ROLLUPS", *Ethereum.org*, November 3, 2022. (https://ethereum.org/en/developers/docs/scaling/optimistic-rollups/#optimistic-rollups-pros-and-cons)

William Entriken, "LAYER 2 SCALING", *Ethereum.org*, November 30, 2020. (https://ethereum.by/sk/developers/docs/layer-2-scaling/#sidechains)

Alex Gluchowski, "zkRollup vs. Validium", *Medium*, June 6, 2020. (https://blog.matter-labs.io/zkrollup-vs-validium-starkex-5614e38bc263)

Alex Gluchowski, "Evaluating Ethereum L2 Scaling Solutions: A Comparison Framework", *Medium*, June 12, 2020. (https://blog.matter-labs.io/evaluating-ethereum-l2-scaling-solutions-a-comparison-framework-b6b2f410f955)

「Dfinityとは？」産学研究PJ『C3F』ホームページ．(https://www.c3f-iu-university.com/dfinity)

Dave Hafford, "Web 3.0 Infrastructure at a Glance", *Medium*, May 11, 2022. (https://medium.com/@davehafford/web-3-0-infrastructure-at-a-glance-5d84b76fbf80)

jakub, "Ethereum Layer 2 Scaling Explained", *Finematics*, October 27, 2020. (https://finematics.com/ethereum-layer-2-scaling-explained/)

jakub, "Rollups — The Ultimate Ethereum Scaling Solution", *Finematics*, August 2, 2021. (https://finematics.com/rollups-explained/)

Isaac Lau, "A Developer's Guide to the Web3 Stack", *Alchemy Blog*, March 2, 2022. (https://alchemy.com/blog/web3-stack)

makeDEVeasy, "Web3 Storages: Arweave vs IPFS vs Filecoin, which to choose?", *Medium*, August 22, 2022. (https://coinsbench.com/web3-storages-arweave-vs-ipfs-vs-filecoin-which-to-choose-77b5efde4b41)

namita, "The web3 tech stack", *Mirror*, November 29, 2021. (https://mirror.xyz/0x70B9DBB626cbc1551b1237F4547C5294ca0d1B0a/_MeQXoqE-s5a7RPaSAbfXM63Jd7tLQiGOcr3cL7Mh2o)

Sethu Raman Omanakuttan, "Metamask transactions tutorial — a developer's guide to transactions in Ethereum mempool", *Chainstack*, May 24, 2022. (https://chainstack.com/a-developers-guide-to-the-transactions-in-mempool-metamask-edition/)

Vitalii Shevchuk, "Top Web3 Architecture Layers Explained: Frontend, Backend, and Data", *Medium*, January 18, 2022. (https://itnext.io/top-3-web-3-0-architecture-layers-explained-frontend-backend-and-data-e10200f7fc76)

Corwin Smith, "VALIDIUM", *Ethereum.org*, October 4, 2022. (https://ethereum.org/ja/developers/docs/scaling/validium/)

Petar Stoykov, "Blockchain node providers: What, how, and why", *Chainstack*, June 14, 2022. (https://chainstack.com/blockchain-node-providers-what-how-and-why/)

Petar Stoykov, "Web3 stack — a rookie Web3 developer's guide", *Chainstack*, June 29, 2022. (https://chainstack.com/the-web3-stack-for-dummies/)

Token Terminal, "A Primer on Ethereum L2 Scaling Techniques", *Medium*, July 7, 2020. (https://medium.com/token-terminal/a-primer-on-ethereum-l2-scaling-techniques-17ac437891b1)

Antonio Ufano, "Smart contract Frameworks — Foundry vs Hardhat: Differences in performance and developer experience", *Chainstack*, March 19, 2022. (https://chainstack.com/foundry-hardhat-differences-performance/)

0xPhillan, "Master Web3 Fundamentals: From Node To Network", *Web3edge*, September 20, 2022. (https://web3edge.io/fundamentals/master-web3-from-node-tonetwork/)

"What's the Difference Between Moralis, Alchemy, and Infura?", *Moralis Blog*, September 21, 2021. (https://moralis.io/whats-the-difference-between-moralis-alchemy-and-infura/)

"What Is Etherscan and How to Use It?", *Binance Academy*, October 6, 2021. (https://academy.binance.com/en/articles/what-is-etherscan-and-how-to-use-it)

"Web3.js vs Ethers.js — Guide to ETH JavaScript Libraries", *Moralis Blog*, January 19, 2022. (https://moralis.io/web3-js-vs-ethers-js-guide-to-eth-javascript-libraries/)

"Block Explorer", *Binance Academy*. (https://academy.binance.com/en/glossary/block-explorer)

第8章

Vitalik Buterin, "Soulbound", *Vitalik Buterin's Website*, January 26, 2022. (https://vitalik.ca/general/2022/01/26/soulbound.html)

Vitalik Buterin, E. Glen Weyl, Puja Ohlhaver, "Decentralized Society: Finding Web3's Soul", *SSRN*, May 11, 2022. (https://papers.ssrn.com/sol3/papers.cfm?abstract_id=4105763)

"What Are Soulbound Tokens (SBT)?", *Binance Academy*, Augst 17, 2022. (https://academy.binance.com/en/articles/what-are-soulbound-tokens-sbt)

【著者紹介】
城田真琴（しろた　まこと）
野村総合研究所 DX基盤事業本部 兼 デジタル社会研究所 プリンシパル・アナリスト
2001年に野村総合研究所にキャリア入社後、一貫して先端ITが企業・社会に与えるインパクトを調査・研究している。総務省「スマート・クラウド研究会」技術WG委員、経済産業省「IT融合フォーラム」パーソナルデータWG委員、経産省・厚労省・文科省「IT人材需給調査」有識者委員会メンバーなどを歴任。NHK Eテレ「ITホワイトボックス」、BSテレ東「日経プラス10」などTV出演も多数。著書に『FinTechの衝撃』『クラウドの衝撃』『ビッグデータの衝撃』『エンベデッド・ファイナンスの衝撃』(いずれも東洋経済新報社)、『パーソナルデータの衝撃』(ダイヤモンド社)、『デス・バイ・アマゾン』(日本経済新聞出版社)などがある。

決定版Web3

2023 年 4 月 27 日発行

著　　者──城田真琴
発行者──田北浩章
発行所──東洋経済新報社
　　　　　〒103-8345　東京都中央区日本橋本石町 1-2-1
　　　　　電話＝東洋経済コールセンター　03(6386)1040
　　　　　https://toyokeizai.net/
装　丁…………竹内雄二
ＤＴＰ…………アイランドコレクション
印刷・製本……丸井工文社
編集担当………髙橋由里
©2023 Shirota Makoto　　　　Printed in Japan　　　ISBN 978-4-492-58121-6